·高等学校计算机基础教育教材精选·

Visual Basic
程序设计实验指导

张玉生 刘春玉 钱卫国 编著

清华大学出版社

北京

内 容 简 介

本书是《Visual Basic 程序设计教程》的配套实验指导书,全书内容分为四部分。第 1 部分为实验指导,设计了 18 个实验内容,实验例题选材合理,其内容与理论教学同步。每个实验由六部分组成,分别是:实验目的、示例程序、阅读程序、完善程序、改错程序和自己练习。第 2 部分为常用过程,共给出 26 个在编程中经常用到的过程,要求读者能进行消化、理解,在程序设计中熟练地使用。第 3 部分为模拟试题,共给出了 5 套模拟试题并附有参考答案,通过完成模拟试题可以检查对 Visual Basic 的掌握程度。第 4 部分给出《Visual Basic 程序设计教程》部分习题的解答,供读者在学习过程中参考。

本书可作为高等院校计算机公共课教材,也可作为参加计算机等级考试的读者的学习参考书。

图书在版编目(CIP)数据

Visual Basic 程序设计实验指导 / 张玉生,刘春玉,钱卫国编著.—北京:清华大学出版社,2011.6

(高等学校计算机基础教育教材精选)

ISBN 978-7-302-24915-3

Ⅰ. ①V… Ⅱ. ①张… ②刘… ③钱… Ⅲ. ①BASIC 语言-程序设计-高等学校-教学参考资料 Ⅳ. ①TP312

中国版本图书馆 CIP 数据核字(2011)第 032780 号

责任编辑:白立军 王冰飞
责任校对:时翠兰
责任印制:何 芊

出版发行:清华大学出版社   地   址:北京清华大学学研大厦 A 座
          http://www.tup.com.cn   邮   编:100084
          社 总 机:010-62770175   邮   购:010-62786544
          投稿与读者服务:010-62795954,jsjjc@tup.tsinghua.edu.cn
          质 量 反 馈:010-62772015,zhiliang@tup.tsinghua.edu.cn
印 刷 者:北京富博印刷有限公司
装 订 者:北京市密云县京文制本装订厂
经   销:全国新华书店
开   本:185×260   印 张:13.75   字   数:311 千字
版   次:2011 年 6 月第 1 版   印   次:2011 年 6 月第 1 次印刷
印   数:1～4000
定   价:23.00 元

产品编号:035789-01

出版说明

在教育部关于高等学校计算机基础教育三层次方案的指导下,我国高等学校的计算机基础教育事业蓬勃发展。经过多年的教学改革与实践,全国很多学校在计算机基础教育这一领域中积累了大量宝贵的经验,取得了许多可喜的成果。

随着科教兴国战略的实施以及社会信息化进程的加快,目前我国的高等教育事业正面临着新的发展机遇,但同时也必须面对新的挑战。这些都对高等学校的计算机基础教育提出了更高的要求。为了适应教学改革的需要,进一步推动我国高等学校计算机基础教育事业的发展,我们在全国各高等学校精心挖掘和遴选了一批经过教学实践检验的优秀的教学成果,编辑出版了这套教材。教材的选题范围涵盖了计算机基础教育的三个层次,面向各高校开设的计算机必修课、选修课,以及与各类专业相结合的计算机课程。

为了保证出版质量,同时更好地适应教学需求,本套教材将采取开放的体系和滚动出版的方式(即成熟一本、出版一本,并保持不断更新),坚持宁缺毋滥的原则,力求反映我国高等学校计算机基础教育的最新成果,使本套丛书无论在技术质量上还是文字质量上均成为真正的"精选"。

清华大学出版社一直致力于计算机教育用书的出版工作,在计算机基础教育领域出版了许多优秀的教材。本套教材的出版将进一步丰富和扩大我社在这一领域的选题范围、层次和深度,以适应高校计算机基础教育课程层次化、多样化的趋势,从而更好地满足各学校由于条件、师资和生源水平、专业领域等的差异而产生的不同需求。我们热切期望全国广大教师能够积极参与到本套丛书的编写工作中来,把自己的教学成果与全国的同行们分享;同时也欢迎广大读者对本套教材提出宝贵意见,以便我们改进工作,为读者提供更好的服务。

我们的电子邮件地址是:jiaoh@tup.tsinghua.edu.cn;联系人:焦虹。

清华大学出版社

本书是《Visual Basic 程序设计教程》的配套实验指导书,全书内容分为四部分。

第 1 部分为实验指导,设计了 18 个实验,每个实验都是编者精心设计和选择的,所构思的实验内容选材合理,实验目的明确。每个实验由示例程序开始,过渡到阅读程序、完善程序,再提升到改错程序,通过完成这几部分的实验,最终完成自己练习部分的内容。这种设计体现了由易到难、逐步提高的思路,能引导学生从不同的角度去分析和理解实验内容,从而提高学生分析、解决问题的能力,达到培养学生编程能力和提高学生综合素质的目的。

【实验目的】部分列出通过本次实验所要达到的目的。

【示例程序】部分完整地给出一个程序示例,并对题目进行较详细的分析,列出具体的操作步骤,并且主要的程序代码都给出注释,其目的是启发与引导并加深对示例程序的理解与掌握。

【阅读程序】部分给出程序的代码,并对题目进行较详细的分析,但在部分代码的后面添加注 x,要求在阅读并理解程序设计思路的基础上,对标有注 x 的代码行写出注释。

【完善程序】部分给出的是不完整的程序,要求根据对题目的分析理解,在空缺的位置填写语句成分,以完善程序。

【改错程序】部分给出的程序中包含有错误的代码,要求读者根据题意要求,通读程序代码,根据程序运行所出现的错误进行修改。改错程序是完成实验的一个重要环节。

【自己练习】部分由几个练习题组成,要求读者独立完成。一般来说,只要认真完成了前面几部分的实验内容,掌握了阅读程序、完善程序与改错程序的设计方法,这些题目是可以独立完成的。

第 2 部分为常用过程,共给出 26 个编程中经常用到的过程。要求读者能进行消化、理解,在程序设计中熟练地使用。

第 3 部分为模拟试题,共给出 5 套模拟试题并附有参考答案,通过完成模拟试题可以检查对 Visual Basic 的掌握程度。

第 4 部分给出《Visual Basic 程序设计教程》部分习题的解答,供读者参考。

本书由张玉生、贾黎明、施梅芳、钱卫国、刘春玉、孙霞、周蕾、宗德才、何春霞、肖乐、盘丽娜、朱苗苗、刘炎编写,常晋义教授主审。

由于编者水平有限,书中不当之处在所难免,敬请读者批评指正。

编　者
2011 年 3 月

目录

第 *1* 部分 实验指导

学习 Visual Basic 程序设计,上机实验是十分重要的环节。只有通过大量的上机实验,才能加深理解和巩固理论教学的基本内容,才能真正熟悉 Visual Basic 程序设计语言的语法规则,掌握 Visual Basic 程序设计语言的编程方法与技巧。为了与理论教学进度相呼应,实验指导部分安排 18 个实验,每个实验由 6 个部分构成:实验目的、示例程序、阅读程序、完善程序、改错程序和自己练习。这些实验选材合理、难易适中,与教学进度紧密配合。通过完成实验,巩固和强化对基本内容的理解,提高动手能力。

实验 1　Visual Basic 程序设计初步

1.1　实验目的

(1) 掌握启动和退出 VB 集成开发环境的方法。
(2) 了解 VB 集成开发环境的基本组成。
(3) 掌握用属性窗口设置对象属性的方法。
(4) 掌握用代码设置对象属性的方法。
(5) 掌握 VB 应用程序的创建、打开和保存。

1.2　示例程序

【实验 1.1】　在窗体上画两个标签和 3 个命令按钮。在属性窗口设置标签的文字为 18 磅、华文行楷、红色,标签 Label1 的标题为"这是我的第一个 VB 程序!"。单击"显示时间"按钮时,标签 Label2 的标题显示当前时间;单击"改变文字"按钮时,标签 Label1 的标题变为"怎么样? 还不错吧!"、文字大小为 20 磅、隶书、蓝色,标签 Label2 的前景色变为红色;单击"结束程序"按钮时,程序结束运行。

【分析】　根据题目要求,窗体启动时,标签所显示的文字、颜色、字体及字号需要在属性窗口中设置相关属性;单击命令按钮时标签上所显示的文字及颜色,需要在代码窗口中设置相关属性。

【操作步骤】
1. 新建一个应用程序
启动 VB,创建一个标准 EXE 类型的应用程序。

2. 设计应用程序界面

(1) 在窗体设计器中,向窗体 Form1 添加两个标签 Label1 和 Label2,3 个命令按钮 Command1、Command2 和 Command3。

(2) 适当调整各控件的位置。

3. 设置对象的属性

按表 1-1 所示设置各对象的属性。

表 1-1　窗体及各对象的属性设置

对　象	属 性 名	属 性 值
Form1	Caption	第一个 VB 程序
Label1	Caption	这是我的第一个 VB 程序!
	AutoSize	True
	ForeColor	红色
	Font	华文行楷,18
Label2	Caption	
Command1	Caption	显示时间
Command2	Caption	改变文字
Command3	Caption	结束程序

4. 程序代码

(1) 在窗体界面上双击命令按钮 Command1,输入如下代码:

```
Private Sub Command1_Click()
    Label2.Caption="现在时间是: " & Time          '设置标签 2 的标题
End Sub
```

(2) 在窗体界面上双击命令按钮 Command2,输入如下代码:

```
Private Sub Command2_Click()
    Label1.Caption="怎么样?还不错吧!"            '设置标签 1 的标题
    Label1.ForeColor=vbBlue                      '标签 1 的前景色设置为蓝色
    Label1.FontName="隶书"                        '标签 1 的字体设置为隶书
    Label1.FontSize=20                           '标签 1 的字号设置为 20
    Label2.ForeColor=vbRed                       '标签 2 的前景色设置为红色
End Sub
```

(3) 在窗体界面上双击命令按钮 Command3,输入如下代码:

```
Private Sub Command2_Click()
    End                                          '结束程序
End Sub
```

5. 保存工程

(1) 窗体文件的保存方法。执行"文件"菜单中的"工程另存为"命令(或单击工具栏

中的 ■按钮），打开"文件另存为"对话框，如图 1.1 所示。

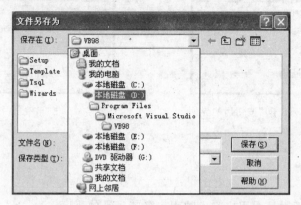

图 1.1　"文件另存为"对话框

系统首先要求保存的是窗体文件。在图 1.1 中，在"保存在"下拉列表中选择所要存放的位置（文件夹）（如 D:\实验 1，文件夹如果不存在，则要先建立），然后在"文件名"文本框中输入要保存的文件名（如 F1），此时"保存类型"下拉列表框默认为"窗体文件（＊.frm)"，不需要改变，如图 1.2 所示，单击"保存"按钮。

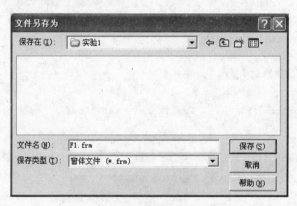

图 1.2　选择存放位置及输入文件名

若程序中包含多个窗体，则每一个窗体都要单独保存。系统会在保存第一个窗体文件后，出现保存第二个窗体的对话框，采用同样的方法进行保存。如果程序中有模块文件（扩展名为 bas），也需要保存。

（2）工程文件的保存方法。在所有的窗体文件都保存后，系统要求继续保存工程文件，此时不需要修改保存位置，只需在"文件名"文本框中输入工程的文件名（如 P1），"保存类型"下拉列表框默认为"工程文件（＊.vbp)"，不需要改变。单击"保存"按钮，工程保存完毕。

6. 执行并调试程序

单击工具栏中的 ▶ 按钮（或按 F5 键），执行当前程序，如图 1.3、图 1.4 所示。如果有错误，或没有达到设计目的，则打开代码编辑窗口进行修改，直至达到设计要求。

图 1.3　单击"显示时间"按钮后的界面　　　　图 1.4　单击"改变文字"按钮后的界面

1.3　阅读程序

【实验 1.2】　编写显示用户输入的用户名与密码的程序。

【分析】　用于输入密码的文本框,需要将其 Password 属性设置为某个字符,通常使用 * 字符,这样运行时无论输入的内容是什么,都将用 * 代替。

【程序代码】

```
Private Sub Form_Load()
    Text2.PasswordChar="*"                          '注1:
End Sub
Private Sub Command1_Click()
    Dim s1 As String, s2 As String
    s1="你输入的用户名为："
    s1=",密码为："
    Label3.Caption=s1 & Text1.Text & s2 & Text2.Text      '注2:
End Sub
```

程序运行结果如图 1.5 所示。

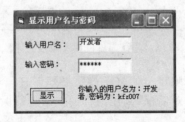

图 1.5　"显示用户名与密码"对话框

1.4　完善程序

【实验 1.3】　新建工程,在窗体上添加两个标签、两个文本框和 4 个命令按钮,界面如图 1.6 所示。编写代码实现如下功能:单击"复制"按钮,将文本框 1 的内容复制到文本框 2 中;单击"移动"按钮,将文本框 1 的内容移到文本框 2 中;单击"清除"按钮,清除文本框 2 中的内容,同时文本框 1 获得焦点;单击"结束"按钮,程序运行结束。

【分析】 在属性窗口中将两个文本框的 MultiLine 属性设置为 True，ScrollBars 属性设置为 2-Vertical，其他属性在程序代码中进行设置。文本框内容的复制是文本框 2 的内容等于文本框 1 的内容；文本框内容的移动则是文本框 2 的内容等于文本框 1 的内容的同时，清除文本框 1 的内容。

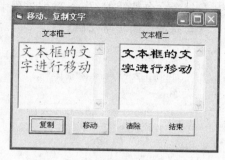

图 1.6　文本框内容的复制与移动

【程序代码】

```
Private Sub Form_Load()
    Text1.Text="文本框的文字进行移动"
    Text1.FontSize=18
    Text1.FontName="楷体_GB2312"
    Text2.FontSize=18
    _____
End Sub
Private Sub Command1_Click()
    Text2.Text=Text1.Text
End Sub
Private Sub Command2_Click()
    Text2.Text=Text1.Text
    _____
End Sub
Private Sub Command3_Click()
    Text2.Text=""
    _____
End Sub
Private Sub Command4_Click()
    End
End Sub
```

'设置文本框 1 的字号为 18
'设置文本框 1 的字体为楷体

'设置文本框 2 的字体为隶书

'文本框 2 的内容与文本框 1 的内容相同

'清除文本框 1 的内容

'清除文本框 2 的内容
'文本框 1 获得焦点

程序运行结果如图 1.6 所示。

1.5　改错程序

【实验 1.4】 新建工程，在窗体上添加两个标签、两个文本框和 4 个命令按钮，界面如图 1.7 所示。编写代码实现如下功能：在文本框中输入文本，在"字号"文本框中输入字号，单击"设置字体"、"设置字号"、"文字加粗"或"加下划线"按钮时，对文本框中的文本进行相应的设置。

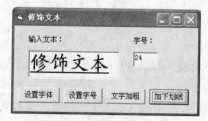

图 1.7　修饰文本

注意：改错时不允许增加及删除语句，只允许修改或移动语句的位置。

【分析】 预览的文本及字号在程序运行时设

定,在每个命令按钮的 Click 事件过程中改变相应属性的值。

【含有错误的程序代码】

```
Private Sub Command1_Click()
    Text1.FontName="楷体"
End Sub
Private Sub Command2_Click()
    Text1.FontSize=Text2. Text
End Sub
Private Sub Command3_Click()
    Text1.FontBold="粗体"
End Sub
Private Sub Command4_Click()
    Text1.FontUnderline="下划线"
End Sub
```

1.6　自己练习

（1）将实验 1.1 中的标签改为文本框，完成操作。

（2）新建工程，在窗体上添加两个标签、两个文本框和一个命令按钮，界面如图 1.8 所示。编写代码实现如下功能：在文本框 1 中输入内容时，文本框 2 中同步出现相同的内容，单击"结束"按钮，程序运行结束。

（3）完成教材第 1 章的上机与调试题目。

图 1.8　文本框的内容同步

实验 2　标准控件的使用（一）

2.1　实验目的

（1）掌握标签控件的使用方法。

（2）掌握文本框控件的使用方法。

（3）掌握命令按钮控件的使用方法。

2.2　示例程序

【实验 2.1】　编写一个计算学生成绩的程序。要求输入学生的姓名及各门课程的成绩，然后输出该生的总分及均分。

【分析】　在第一个文本框中输入学生姓名，其余文本框中输入学生成绩，输入成绩以后，将文本框的内容由字符型转换成数值型进行相加计算出总分，再计算出均分，显示在文本框中。

【操作步骤】

1. 新建一个应用程序

启动 VB，创建一个标准 EXE 类型的应用程序。

2. 设计应用程序界面

（1）在窗体设计器中，向窗体添加 4 个标签 Label 控件、5 个文本框 TextBox 控件、3 个命令按钮 CommandButton 控件，界面布局如图 1.9 所示。

（2）适当调整各控件的位置。

3. 设置对象的属性

按表 1-2 所示设置各对象的属性。

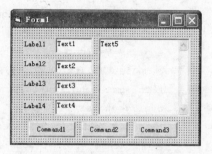

图 1.9　计算成绩的界面布局

表 1-2　窗体及各对象的属性设置

对象	属性名	属 性 值	对象	属性名	属 性 值
Form	Name	Form1	Text3	Name	txtenglish
	Caption	计算学生成绩		Text	
Label1	Name	lbl1	Text4	Name	txtit
	Caption	姓名：		Text	
Label2	Name	lbl2	Text5	Name	txttotal
	Caption	高数		Text	
Label3	Name	lbl3		MultiLine	True
	Caption	英语：		ScrollBars	2-Vertical
Label4	Name	lbl4	Command1	Name	cmdcalc
	Caption	信息技术：		Caption	计算并输出
Text1	Name	txtname	Command2	Name	cmdClear
	Text			Caption	清除
Text2	Name	txtmath	Command3	Name	cmdexit
	Text			Caption	结束

4. 程序代码

（1）在代码窗口的对象栏选 Form，过程列表栏选 Activate，输入如下代码：

```
Private Sub Form_Activate()                '激活窗体时,该事件发生
    txtname.SetFocus
    txttotal.Text="姓  名  总分  均分"
End Sub
```

（2）在窗体界面上双击"计算并输出"按钮，输入如下代码：

```
Private Sub cmdcalc_Click()
    Dim math As Single, english As Single, computer As Single
    Dim total As Single, average As Single
    math=Val(txtmath.Text)
    english=Val(txtenglish.Text)
    computer=Val(txtit.Text)
    total=math+english+computer                          '计算总分
    average=total/3                                       '计算均分
    txttotal.Text=txttotal.Text+vbCrLf _
        +txtname+Format(total, "  ###")+Format(average, "  ##.##")
    'vbCrLf表示按回车键换行。Format是格式输出函数，见教材第4章
End Sub
```

（3）在窗体界面上双击"清除"按钮，输入如下代码：

```
Private Sub cmdclear_Click()
    txtname.Text=""
    txtmath.Text=""
    txtenglish.Text=""
    txtit.Text=""
    txtname.SetFocus                          '"姓名"文本框获得焦点
End Sub
```

（4）在窗体界面上双击"结束"按钮，输入如下代码：

```
Private Sub cmdexit_Click()
    End
End Sub
```

5. 保存工程

将窗体以 F1.frm 为文件名，工程以 P1.vbp 为文件名，保存到 D:\实验2\文件夹中。

6. 执行并调试程序

单击工具栏中的 ▶ 按钮（或按 F5 键），执行当前程序，如图 1.10 所示。如果有错误，或没有达到设计目的，则打开代码编辑窗口进行修改，直至达到设计要求。

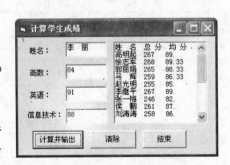

图 1.10　计算学生成绩运行界面

2.3　阅读程序

【实验 2.2】　在窗体上画一个标签和两个命令按钮，设置标签的 Caption 属性为 Microsoft Visual Basic 6.0，AutoSize 属性为 True，字体大小为 16；分别修改两个命令按

钮的标题为"隐藏标签"和"显示标签"。当单击命令按钮1时，标签消失，同时，命令按钮1不可用，命令按钮2可用；单击命令按钮2时，标签重新出现，同时，命令按钮2不可用，命令按钮1可用。运行该程序。

【分析】 对象消失使用 Visible 属性，对象不可用使用 Enabled 属性。

【程序代码】

```
Private Sub Command1_Click()
    Label1.Visible=False        '注1:
    Command1.Enabled=False      '注2:
    Command2.Enabled=True       '注3:
End Sub
Private Sub Command2_Click()
    Label1.Visible=True         '注4:
    Command2.Enabled=False
    Command1.Enabled=True
End Sub
```

程序运行的界面如图 1.11 所示。

图 1.11　显示和隐藏标签

2.4　完善程序

【实验 2.3】 多窗体实验。创建一个工程，工程中包含 3 个窗体。窗体 Form1 为控制界面，界面中有 3 个项目，分别单击每个项目，可以实现相应功能。单击第一个项目时，控制界面消失，第二个窗体出现，在其中计算圆周长与圆面积；单击第二个项目时，控制界面消失，第三个窗体出现，可以进行华氏温度与摄氏温度的转换；单击第三个项目时，程序结束。在第二个窗体或第三个窗体单击"返回"按钮时，都会返回控制界面。程序运行时，控制界面在屏幕居中显示。

【分析】 需要在工程中添加 3 个窗体，分别设计界面。其中控制界面如图 1.12 所示，其他两个界面分别如图 1.13 和图 1.14 所示。华氏温度与摄氏温度的转换公式如下：

$$F = \frac{9}{5}C + 32 \quad C = \frac{5}{9}(F - 32)$$

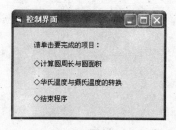

图 1.12　控制界面

图 1.13　计算圆周长与面积

图 1.14　华氏温度与摄氏温度的转换

其中 F 表示华氏温度，C 表示摄氏温度。

【程序代码】

控制界面的代码如下：

```
Private Sub Form_Load()
    Me.Left=(Screen.Width-Me.Width)/2

    _____

End Sub
Private Sub Label2_Click()
    Form1.Hide

    _____

End Sub
Private Sub Label3_Click()

    _____

    Form3.Show
End Sub
Private Sub Label4_Click()
    End
End Sub
```

代码中的 Me 代表当前窗体对象，Screen 是屏幕对象。

计算圆周长与圆面积（窗体 Form2）的代码如下：

```
Const pi=3.14159
Dim r As Single
Private Sub Form_Load()
    Me.Left=(Screen.Width-Me.Width)/2
    Me.Top=(Screen.Height-Me.Height)/2
End Sub
Private Sub Command1_Click()
    r=Text1
    Text2=2*pi*r
End Sub
Private Sub Command2_Click()

    _____

End Sub
Private Sub Command3_Click()

    _____

    Form1.Show
End Sub
```

华氏温度与摄氏温度转换（窗体 Form3）的代码如下：

```
Private Sub Form_Load()
    Me.Left=(Screen.Width-Me.Width)/2
    Me.Top=(Screen.Height-Me.Height)/2
```

```
End Sub
Private Sub Command1_Click()
    Dim f As Single, c As Single
    f=Text1
    c=5/9 * (f-32)
    Text2=Format(c, "0.##")
End Sub
Private Sub Command2_Click()
    Text1=_____
End Sub
Private Sub Command3_Click()
    Form3.Hide
    _____
End Sub
```

代码中使用的 Format(c, "0.＃＃")为格式输出函数,详细用法见教材第 4 章。这里表示输出变量 c 时,保留两位小数。

2.5 改错程序

【实验 2.4】 该程序计算某商品的销售总价。程序开始运行时,文本框 Text1 获得焦点,文本框 Text3 不可编辑,"清除"按钮不可用。当输入商品数量及单价后,单击"计算"按钮,文本框 Text3 中得到计算结果,同时"清除"按钮可以使用;单击"结束"按钮,程序运行结束。

注意:改错时不允许增加及删除语句,只允许修改或移动语句的位置。

【分析】 文本框获得焦点使用的是 SetFocus 方法,如果在 Form_Load 事件中,使用该方法则是不行的,解决的方法有两种:一是在 Form_Load 事件的开始,使用窗体的Show 方法;二是使用 Activate 事件。本程序是改错程序,不允许增加语句,所以只能使用第二种方法。

【含有错误的程序代码】

```
Private Sub Form_ Load ()                              '窗体为活动窗体时
    Text1.SetFocus                                     '文本框获得焦点
    Text3.Locked=True                                  '锁定总价文本框
    Command2.Enabled=False                             '"清除"按钮不可用
End Sub
Private Sub Command1_Click()
    Text3=Val(Text1.Text) * Val(Text2.Text)            '计算总价
End Sub
Private Sub Command2_Click()
    Text1.Text=""                                      '清除文本框的内容
    Text2.Text=""
    Text3.Text=""
```

```
    Form_ Load                        '调用窗体激活程序
End Sub
Private Sub Command3_Click()
    Unload                            '卸载窗体
End Sub
Private Sub Text3_Change()
    Command2.Enabled=True             '"清除"按钮可用
End Sub
```

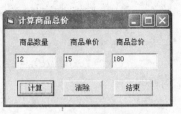

图 1.15　计算商品总价

程序正确运行界面如图 1.15 所示。

2.6　自己练习

（1）在窗体上随意画出一组文本框和一组命令按钮,使用教材 2.3 节介绍的方法,分别调整两组控件的大小以及调整两组控件的布局。

（2）设计一个程序,窗体如图 1.16 所示。要求在被加数与加数文本框中输入数据,单击＝按钮时,在"结果"文本框中显示结果;单击"清除"按钮时,清除"被加数"、"加数"与"结果"文本框;单击"结束程序"按钮时,退出程序。

（3）编写一个程序,窗体上有两个文本框、两个命令按钮。单击第一个命令按钮时,将两个文本框的内容交换;单击第二个命令按钮时,清除文本框的内容。

提示：实现交换两个变量的值有两种方法(对两种方法进行比较)。

① 中间变量法,结果如图 1.17、图 1.18 所示。设 t 为中间变量,利用如下 3 条语句来交换变量 a 和 b 的值。

t=a:a=b:b=t

图 1.16　加法运算界面

图 1.17　交换前界面

图 1.18　交换后界面

② 算术方法,结果如图 1.19、图 1.20 所示。利用如下 3 条语句来交换变量 a 和 b 的值。

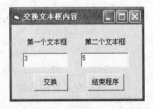

图 1.19　交换数值前界面

图 1.20　交换数值后界面

a=a+b: b=a-b: a=a-b

(4) 完成教材第 2 章的上机与调试题目。

实验 3 标准控件的使用(二)

3.1 实验目的

(1) 掌握单选按钮及复选框的使用方法。
(2) 掌握框架控件的使用方法。
(3) 掌握列表框及组合框控件的使用方法。
(4) 掌握滚动条控件的使用方法。

3.2 示例程序

【实验 3.1】 编写一个个人信息显示程序。为方便处理起见,假设每个人都爱好听音乐。

【分析】 程序中需要使用 If 语句判断单选按钮及复选框的选定状态,根据不同状态显示不同信息。

【操作步骤】

1. 新建一个应用程序

启动 VB,创建一个标准 EXE 类型的应用程序。

2. 设计应用程序界面

(1) 在窗体设计器中,向窗体 Form1 添加两个标签、一个文本框、4 个框架、4 个单选按钮、4 个复选框和一个命令按钮。

(2) 适当调整各控件的位置。

3. 设置对象的属性

按表 1-3 所示设置各对象的属性。

表 1-3 窗体及各对象的属性设置

对象	属性名	属性值	说明
Form1	Caption	个人信息显示	
Label1	Caption	姓名:	
Text1	Text		
Frame1	Caption	性别	
Option1	Caption	男	在 Frame1 中
Option2	Caption	女	在 Frame1 中
Frame2	Caption	民族	
Option3	Caption	汉族	在 Frame2 中
Option4	Caption	少数民族	在 Frame2 中

对象	属性名	属性值	说明
Frame3	Caption	爱好	
Check1	Caption	听音乐	在 Frame3 中
Check2	Caption	打球	在 Frame3 中
Check3	Caption	游泳	在 Frame3 中
Check4	Caption	看书	在 Frame3 中
Frame4	Caption	个人资料	
Label2	Caption		在 Frame4 中

4. 程序代码

```
Private Sub Form_Load()
    Check1.Value=2
    Option1.Value=True
    Option3.Value=True
End Sub
Private Sub Command1_Click()
    Dim s As String
    s=Text1 & ","
    If Option1.Value=True Then
        s=s+"男、"
    Else
        s=s+"女、"
    End If
    If Option3.Value=True Then
        s=s+"汉族,"
    Else
        s=s+"少数民族,"
    End If
    s=s+"爱好是:听音乐"
    If Check2.Value=1 Then s=s+",打球"
    If Check3.Value=1 Then s=s+",游泳"
    If Check4.Value=1 Then s=s+",看书"
    Label2.Caption=s+"。"
End Sub
```

在程序中使用了条件语句,该语句的详细介绍见教材的 5.4 节。

5. 保存工程

将窗体以 F1.frm 为文件名,工程以 P1.vbp 为文件名,保存到 D:\实验 3\文件夹中。

6. 执行并调试程序

单击工具栏中的 ▶ 按钮(或按 F5 键),执行当前程序,如图 1.21 所示。如果有错误,或没有达到设计

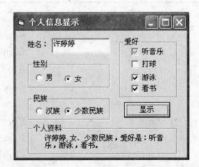

图 1.21 个人信息显示运行界面

目的,则打开代码编辑窗口进行修改,直至达到设计要求。

3.3　阅读程序

【实验 3.2】　编写一个人名录入程序。要求程序具有添加、删除和动态统计人数的功能。

【分析】　根据题意要求,实现"添加"可使用列表框的 AddItem 方法来实现,"删除"可以使用 RemoveItem 方法实现,每次执行"添加"或"删除"操作后,在文本框中显示当前人数。

【程序代码】

```
Private Sub Form_Load()
    CmdDelete.Enabled=False        '注 1:
End Sub
Private Sub CmdAdd_Click()         '注 2:
    Lst1.AddItem TxtName.Text      '注 3:
    TxtName.Text=""
    TxtName.SetFocus
    TxtTotal.Text=Lst1.ListCount   '注 4:
End Sub
Private Sub CmdDelete_Click()      '注 5:
    Dim i As Integer
    i=Lst1.ListIndex
    Lst1.RemoveItem i              '注 6:
    CmdDelete.Enabled=False
    TxtName.SetFocus
    TxtTotal.Text=Lst1.ListCount   '注 7:
End Sub
Private Sub Lst1_Click()
    CmdDelete.Enabled=True         '注 8:
End Sub
Private Sub CmdExit_Click()
    End
End Sub
```

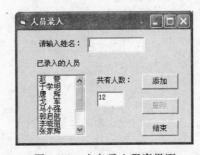

图 1.22　人名录入程序界面

程序的运行结果如图 1.22 所示。

3.4　完善程序

【实验 3.3】　本程序是一个多控件应用程序。列表框中列出了多种汉字字体,在其中选择不同字体,并选中不同复选框选择多种字型,单击"设置"按钮,对标签文字进行设置。若选择有底纹,则可通过 3 个水平滚动条分别设置标签底纹的颜色;如果选择无底纹,则恢复标签原来的底纹颜色。

【分析】 使用 RGB 函数设置颜色,每种颜色都可以由红、绿、蓝 3 种基色调配得到,所以通过滚动条设置每种颜色的当前取值,将滚动条的 Max 属性值设置为 255。选择无底纹时,为了恢复标签原始颜色,声明一个变量,在程序加载时,保存标签的原始颜色。

【程序代码】

```
Dim c                                        '该变量用于保存颜色
Private Sub Form_Load()
    List1.AddItem "宋体"                      '为列表框添加字体
    List1.AddItem "黑体"
    List1.AddItem "楷体_GB2312"
    List1.AddItem "仿宋_GB2312"
    List1.AddItem "隶书"
    List1.AddItem "华文彩云"
    List1.AddItem "华文仿宋"
    List1.AddItem "华文琥珀"
    List1.AddItem "华文楷体"
    List1.AddItem "华文隶书"
    List1.AddItem "华文宋体"
    List1.AddItem "华文细黑"
    List1.AddItem "华文行楷"
    List1.AddItem "华文新魏"
    List1.AddItem "幼圆"
    Label5.Caption="多控件综合测试"
    c=Label5.BackColor                        '保存标签的背景色
End Sub
Private Sub Command1_Click()
    If Check1.Value=1 Then                    '"粗体"复选框被选中
        Label5.FontBold=True                  '标签的字体设置为粗体
    Else
        Label5.FontBold=False                 '标签的字体取消粗体
    End If
    If Check2.Value=1 Then                    '"斜体"复选框被选中
        Label5.FontItalic=True                '标签的字体设置为斜体
    Else
        _____                              '标签的字体取消斜体
    End If
    If Check3.Value=1 Then                    '"下划线"复选框被选中
        _____                              '标签的字体设置下划线
    Else
        Label5.FontUnderline=False            '取消标签字体的下划线
    End If
    If _____ Then                          '"删除线"复选框被选中
```

```
        Label5.FontStrikethru=True              '标签的字体设置删除线
    Else
        Label5.FontStrikethru=False             '取消标签字体的删除线
    End If
    If List1.ListIndex=-1 Then                  '如果没有选择字体
        Label5.FontName=List1.List(0)           '标签字体设置为宋体
    Else
        Label5.FontName=List1.Text              '字体设置为所选字体
    End If
End Sub
Private Sub Command2_Click()
    End
End Sub
Private Sub HScroll1_Change()
    Label5.BackColor=RGB(HScroll1, HScroll2, HScroll3)      '设置红色
End Sub
Private Sub HScroll2_Change()
                                                            '设置绿色
    _____
End Sub
Private Sub HScroll3_Change()
                                                            '设置蓝色
    _____
End Sub
Private Sub Option1_Click()
    HScroll1.Enabled=True
    HScroll2.Enabled=True
    HScroll3.Enabled=True
    Label5.BackColor=RGB(HScroll1, HScroll2, _
    HScroll3)        '恢复设定的颜色
End Sub
Private Sub Option2_Click()
    HScroll1.Enabled=False
    HScroll2.Enabled=False
    HScroll3.Enabled=False
    _____                      '恢复标签的背景色
End Sub
```

程序的运行结果如图 1.23 所示。

图 1.23　设置字体的程序界面

3.5　改错程序

【实验 3.4】　该程序实现从若干运动项目中选择所喜欢的项目,且只能选择 5 项,选择 5 项后,可选的项目不能再选,但可以重新选择,或者由文本框的内容替换已选择的某个项目。

注意：改错时不允许增加及删除语句，只允许修改或移动语句的位置。

【分析】 每选择一项，判断已选项目是否已够5项，如果不够，则进行添加；如果已够5项，则可选项目设置为不可选。"重新选择"即清除全部已选项目，"替换"则是用文本框的内容替换选定的某项运动。

【含有错误的程序代码】

```
Private Sub Form_Load()                              '加载运动项目
    List1.AddItem "旅游"
    List1.AddItem "唱歌"
    List1.AddItem "爬山"
    List1.AddItem "游泳"
    List1.AddItem "打球"
    List1.AddItem "跳舞"
    List1.AddItem "下棋"
    List1.AddItem "画画"
    List1.AddItem "看书"
End Sub
Private Sub List1_Click()
    If List2.ListCount< 5 Then                        '判断是否已够5项
        List2.AddItem List1.List(List1.ListIndex)
    Else
        List1.Enabled=True                           '不可选
    End If
End Sub
Private Sub Command1_Click()
    List2. Text=Text1. Text          '替换项目
End Sub
Private Sub Command2_Click()
    List2.Cls                        '重新选择项目
    List1.Enabled=True
End Sub
Private Sub Command3_Click()
    End
End Sub
```

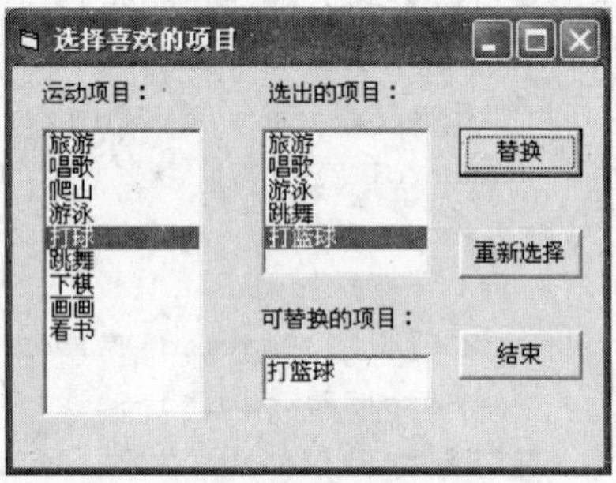

图 1.24　选择喜欢的项目运行界面

程序正确运行的界面如图 1.24 所示。

3.6　自己练习

（1）按图 1.25 的要求，单击相应的字号，即可改变文本框文字的大小；单击相应的字型，即可改变文本框文字的字型。

（2）按图 1.26 的要求，在"喜欢的运动项目："文本框中输入项目，单击"添加"按钮，则将输入的项目添加到"我喜欢："列表框中；添加项目时，"删除"按钮不可用，只有单击要删除的项目后，"删除"按钮可用；单击"结束"按钮，程序运行结束。

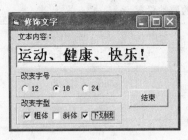

图 1.25　修饰文字界面

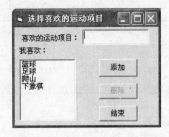

图 1.26　喜欢的运动项目界面

实验 4　标准控件的使用（三）

4.1　实验目的

（1）掌握图片框控件的使用方法。

（2）掌握图像控件的使用方法。

（3）掌握定时器控件的使用方法。

4.2　示例程序

【实验 4.1】　编写一个以蓝天白云为背景，显示地球围绕太阳旋转的程序。

【分析】　在 VB 中实现动画有如下几种方法。

（1）使用 Move 方法移动对象。

（2）改变图像的位置和尺寸。

（3）在不同的位置显示不同的图片。

上述几种方法，都可以在定时器控件触发的事件过程中实现，定时器的 Interval 属性控制对象移动的速度。

本实验是在 Form_Load 事件过程中，设定太阳的位置在窗体的中央，两个图像框中分别装入太阳和地球的图片。在定时器事件过程中，确定地球移动的坐标，使用 Move 方法移动地球。

【操作步骤】

1. 新建一个应用程序

启动 VB，创建一个标准 EXE 类型的应用程序。

2. 设计应用程序界面

在窗体设计器中，向窗体 Form1 添加两个图像控件、一个定时器控件。

3. 设置对象的属性

按表 1-4 设置对象的属性。

表 1-4　窗体及各对象的属性设置

对　象	属性名	属　性　值
Form1	Caption	地球绕太阳旋转
	Picture	D:\picture\clouds.jpg
Timer1	Interval	300
Image1	Name	imgearth
	Stretch	True
Image2	Name	imgsun
	Stretch	True

4. 程序代码

```
Dim i As Single, x As Single, y As Single
Private Sub Form_Load()
    Imgsun.Top=Form1.ScaleHeight/2- Imgsun.Height/2
    Imgsun.Left=Form1.ScaleWidth/2- Imgsun.Width/2
    Imgearth.Picture=LoadPicture("D:\Picture\earth.ico")
    Imgsun.Picture=LoadPicture("D:\Picture\sun.ico")
End Sub
Private Sub Form_Resize()
    Imgsun.Top=Form1.ScaleHeight/2- Imgsun.Height/2
    Imgsun.Left=Form1.ScaleWidth/2- Imgsun.Width/2
End Sub
Private Sub Timer1_Timer()
    Dim r As Integer
    r=1000
    x=Cos(i) * r+Form1.ScaleWidth/2- Imgearth.Width/2
    y=Sin(i) * r+Form1.ScaleHeight/2- Imgearth.Height/2
    Imgearth.Move x, y
    i=i+0.1
End Sub
```

5. 保存工程

将窗体以 F1.frm 为文件名,工程以 P1.vbp 为
文件名,保存到 D:\实验 4\文件夹中。

6. 执行并调试程序

单击工具栏中的 ▶ 按钮(或按 F5 键),执行当
前程序,如图 1.27 所示。如果有错误,或没有达到
设计目的,则打开代码编辑窗口进行修改,直至达
到设计要求。

图 1.27　地球绕太阳旋转界面

4.3　阅读程序

【实验 4.2】 使用图片框、图像框及滚动条控件浏览大幅面图像。

【分析】 窗体的左边放置图像控件 Image1,将其 Stretch 属性设置为 True;窗体右边放置的图片框控件 Picture1 主要用作容器,在其中放置图像控件 Image2,取消图片框控件 Picture1 的边框,在图片框控件 Picture1 的右边放置垂直滚动条,在图片框控件 Picture1 的下边放置水平滚动条。分别在滚动条的 Change 事件中实现浏览图像的其余部分。

【程序代码】

```
Private Sub Form_Load()
    Image1.Stretch=True                              '注 1:
    Image1.Picture=LoadPicture(App.Path+ "\tu.jpg")  '注 2:
    Picture1.BorderStyle=0                            '注 3:
    Image2.Picture=LoadPicture(App.Path+ "\tu.jpg")
    Image2.Move 0, 0                                  '注 4:
    HScroll1.Max=50                                   '注 5:
    VScroll1.Max=50
End Sub
Private Sub HScroll1_Change()
    Image2.Move-(Image2.Width-Picture1.Width)/HScroll1.Max * HScroll1.Value, _
    Image2.Top
End Sub
Private Sub VScroll1_Change()
    Image2.Move Image2.Left,-(Image2.Height-Picture1.Height)/VScroll1. _
    Max * VScroll1.Value
End Su b
```

程序的运行结果如图 1.28 所示。

图 1.28　浏览大幅面图像程序运行界面

4.4 完善程序

【实验4.3】 编制程序,使窗体界面标签中的文字闪烁显示。程序开始时,命令按钮1的标题为"开始",单击"开始"按钮,文字开始闪烁,同时命令按钮1的标题变为"暂停";再次单击"暂停"按钮,文字停止闪烁,命令按钮1的标题又变为"继续"。

【分析】 文字闪烁是用时钟控件进行控制,在不同的状态下文字以不同的颜色显示。为了实现题目中按钮标题的变化,即在不同的状态下改变按钮标题,在程序中声明了两个窗体布尔变量,实现不同状态的改变。

【程序代码】

```
Dim flag1 As Boolean, flag2 As Boolean
Private Sub Form_Load()
    flag1=True
    flag2=True
    Timer1.Enabled=False
End Sub
Private Sub Command1_Click()
    If flag2=True Then
        _____
        Command1.Caption="暂停"
        flag2=False
    Else
        Timer1.Enabled=False
        Command1.Caption="继续"
        _____
    End If
End Sub
Private Sub Command2_Click()
    End
End Sub
Private Sub _____()
    If flag1=True Then
        Label1.ForeColor=vbBlue
        flag1=False
    Else
        Label1.ForeColor=vbGreen
        flag1=True
    End If
End Sub
```

程序运行界面如图1.29所示。

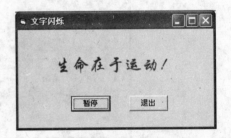

图1.29 文字闪烁程序运行界面

4.5　改错程序

【实验 4.4】　编写程序实现图像的加载、清除及缩放功能。

注意：改错时不允许增加及删除语句，只允许修改或移动语句的位置。

【分析】　界面中包含一个图像控件、一个框架控件和 4 个命令按钮控件。图像的缩放是将图像的宽度（Width）及高度（Height）扩大或缩小一定的倍数。

【含有错误的程序代码】

```
Private Sub Command1_Click()
    Image1.Stretch=True
    Image1.Picture=LoadPicture(App.Path & "\tu.jpg")
End Sub
Private Sub Command2_Click()
    Image1.Clear
End Sub
Private Sub Command3_Click()
    Image1.Width=Image1.Width * 1.1
    Image1.Height=Image1.Height * 1.1
End Sub
Private Sub Command4_Click()
    Image1.Width=Image1. Height * 0.9
    Image1.Height=Image1. Width * 0.9
End Sub
```

图 1.30　图像的缩放程序运行界面

程序正确运行的界面如图 1.30 所示。

4.6　自己练习

（1）在窗体上添加两个图片框控件和一个定时器控件，如图 1.31 所示。程序实现如下功能：在窗体的 Load 事件中为图片框设置图片，使用定时器控件控制两个图片框交替显示。

（2）编制程序，窗体界面如图 1.32 所示。单击"自动扩大"按钮，图像扩大；单击"停止扩大"按钮，图像静止；单击"恢复原状"按钮，图像恢复到原始大小。

（3）编写一个猜老虎游戏。如图 1.33 所示，界面中有一个标签控件和 4 个图像控件，单击每一个图像时，图像显示一幅图片，同时在标签上显示出是否猜对的信息。

提示：图像控件的 Stretch 属性值要设置为 True，BoardStyle 属性值要设置为 1，每显示一幅图像时，要清除其余的图像。

图 1.31 图片的交替显示界面	图 1.32 图像自动扩大界面	图 1.33 猜老虎游戏界面

实验 5 常量、运算符、表达式及内部函数的应用

5.1 实验目的

(1) 掌握常量的表示及使用方法。
(2) 掌握常用内部函数的功能及使用方法。
(3) 掌握运算符的功能及使用方法。
(4) 掌握表达式的构成及求值方法。
(5) 掌握立即窗口的使用方法。

5.2 示例程序

【实验 5.1】 常数、运算符、内部函数及表达式运算实验。

1. 常数、算术运算符及表达式的运算

10^(-2)	25^0.5	2^2^3	8.5/0.5
15\4	13.5\4.5	13.51\4.51	9 mod 4
9 mod-4	-9 mod 4	-9 mod-4	25 mod 2.5

2. 字符串的连接运算

"Visual"+"Basic"		"Visual" & "Basic"
"89"+"11"	"89"+11	89+"11"
"89" & "11"	"89" & 11	89 & "11"

3. 数学函数的运算

Sin(3.14159/3)	Cos(3.14159/3)	Tan(60 * 3.14/180)	
Exp(3)	Abs(-23.5)	Log(12)	Sgn(-5)
Sgn(5)	Sgn(0)	Sqr(144)	

4. 字符串函数的运算

Instr("ABabc","ab")	Instr(3,"A12a34A56","A")
Instr(3,"A12a34A56","A",1)	Len("VB 程序设计")
Lcase("ABcd") Ucase("Abcd")	Mid("ABCDE",2,3) Left("ABCDE",3)
Right("ABCDE",3) Ltrim("□AB□")	Rtrim("□AB□") Trim("□AB□")
String(4,"*") Space(4)	IsNumeric("AB") IsNumeric("12")

5. 转换函数的运算

Asc("BD")	Chr(65)	Cint(34.5)	Cint(34.51)
Len(Str(3))	Len(CStr(3))	Fix(-9.8)	Fix(9.8)
Int(-9.8)	Int(9.8)	Val("15abc")	Val("1.2e3 ")

6. 日期常量及函数的运算

#10/28/2012#-#10/13/2012#	#10/28/2012#+32
#10/28/2012#-32	Hour(#8：3：28 AM#)
Minute(#8：3：28 AM#)	Second(#8：3：28 AM#)
Day(#2012/10/10#)	Month(#2012/10/10#)
Year(#2012/10/10#)	Weekday(#10/10/2010#)
Date Time	Now

7. 随机函数的运算

Rnd	Rnd()	Rnd(1)	Rnd(0)
Rnd(-1)	Int(90*Rnd+10)	Int(41*Rnd-20)	

8. 表达式的运算

7*5*3\2	64\4*4.0-5/2.6
9/6*5.2/2.25*(6.3+8.5)	45\3 Mod 2.6*Fix(3.5)
349.43+"0.57"=350	"abc"+"945" & "734"
5>7 And 3=6	True Or Not（9+5>=12）
8>4 Or 5<9	(True And False) Or (True Or False)

【分析】

（1）对于整除及求余运算，操作数如果是小数，则先要进行四舍五入再运算，四舍五入遵循奇进偶不进原则。如 13.5\4.5，四舍五入后是 14\4；11.5 mod 2.5，四舍五入后是 12 mod 2。

（2）字符串的连接运算符 &，无论操作数的类型是数值型还是字符型，一律进行连接运算；连接运算符＋，只要操作数中有一个为数值型，都进行数值运算。

（3）转换函数 Cint 运算时，操作数如果是小数，则先要进行四舍五入再运算，四舍五入遵循奇进偶不进原则。如 Cint(13.5)的值为 14，而 Cint(12.5)的值为 12。

（4）Fix 与 Int 函数，当操作数为正数时，其值相同；当操作数为负数时，Int 函数的值要比 Fix 函数的值小 1。

【操作步骤】

（1）启动 VB，创建一个标准 EXE 类型的应用程序。

（2）选择"视图"菜单中的"立即窗口"命令，或直接按 Ctrl＋G 键，打开"立即"窗口。

（3）首先手工计算出实验 5.1 中的函数或表达式的值，然后在"立即"窗口中使用 Print 方法计算出函数或表达式的值，对比计算的结果。"立即"窗口中可以使用"?"代替 "Print"，计算示例如图 1.34 所示。

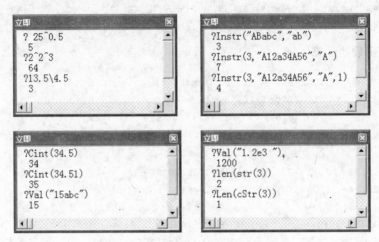

图 1.34 "立即"窗口计算结果输出示例

5.3 阅读程序

【实验 5.2】 本程序实现字符串的查找与替换功能。程序运行时，在"源字符串" 文本框中输入源串，在"查找"文本框中输入要查找的字符串，在"替换为"文本框中输入要替换的字符串。单击"替换"按钮，实现字符串的查找与替换；单击"退出"按钮，程序结束。

【分析】 字符串的查找与替换需要用到多个字符串处理函数，其中查找使用 InStr 函数，查找完成组合字符串需要用到 Left 和 Mid 函数。

【程序代码】

```
Private Sub Command1_Click()
    Dim Position As Integer, Rightp As Integer, Lefts As String
    Position=InStr(Text1, Text2)         '注1：
    Rightp=Position+Len(Text2)           '注2：
    Lefts=Left(Text1, Position-1)        '注3：
    Text4=Lefts+Text3+Mid(Text1,Rightp)  '注4：
End Sub
Private Sub Command2_Click()
    End
End Sub
```

程序的运行结果如图 1.35 所示。

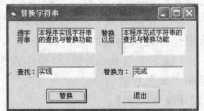

图 1.35 替换字符串的界面

5.4 完善程序

【实验5.3】 某单位发工资,在文本框中输入职工实发工资数,分别计算出从100元到1元的数目。

【分析】 可以从100元数目开始计算,然后依次计算出较小的数目。

【程序代码】

```
Private Sub Form_Activate()
    Text1.SetFocus
End Sub
Private Sub Command1_Click()
    Dim salary As Integer, m As Integer
    salary=Text1
    m=salary\100: Text2=m
    salary=salary-100*m
    m=salary\50: Text3=m
    _____
    m=salary\10: Text4=m
    salary=salary-10*m
    m=salary\5: Text5=m
    salary=salary-5*m
    m=salary\2: Text6=m
    _____: Text7=salary
End Sub
Private Sub Command2_Click()
    Text1=""
    _____
End Sub
Private Sub Command3_Click()
    End
End Sub
```

程序的运行结果如图1.36所示。

图1.36 计算钞票张数界面

5.5 改错程序

【实验5.4】 该程序是字符串函数的综合应用。通过字符串函数实现"首字母大写"、"尾字母大写"、"全部大写"、"字符串长度"、"查找字母"及"替换字母"等功能。

注意:改错时不允许增加及删除语句,只允许修改或移动语句的位置。

【分析】 大部分功能的实现都比较容易,只有替换字母稍显复杂一点。首先使用Instr函数找到被替换字母的位置,然后用"Mid(字符串,m[,n])=子字符串"语句进行替换。

【含有错误的程序代码】

```vb
Dim s As String
Private Sub Form_Load()
    s=Text1
End Sub
Private Sub Command1_Click()
    Text2=Text2 & "首字母大写:" & UCase(Left(s, 1)) & Mid(s, 2)
End Sub
Private Sub Command2_Click()
    Text2=Text2 & vbCrLf & "尾字母大写:" & Left(s, Len(s)-1) & UCase(Right(s, 1))
End Sub
Private Sub Command3_Click()
    Text2=Text2 & vbCrLf & "全部大写:" & LCase(s)
End Sub
Private Sub Command4_Click()
    Text2=Text2 & vbCrLf & "字符串的长度是: " & Len(s)
End Sub
Private Sub Command5_Click()
    Dim s1 As String * 1, n As Integer
    s1=InputBox("请输入要找的字母")
    n=InStr(s, s1)
    If n<>0 Then
        MsgBox "该字母不存在!"
    Else
        Text2=Text2 & vbCrLf & "字母" & s1 & "是字符串的" & "第" & n & "个字符。"
    End If
End Sub
Private Sub Command6_Click()
    Dim n As Integer, s1 As String * 1, s2 As String * 2
    s1=InputBox("请输入要替换的字母")
    s2=InputBox("请输入新的字母")
    n=InStr(s, s1)
    Mid(s, n)=s2
    Text2=Text2 & vbCrLf & "替换" & s1 & _
    "后为: " & s
End Sub
Private Sub Command7_Click()
    End
End Sub
```

程序正确的运行结果如图 1.37 所示。

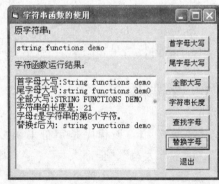

图 1.37　字符串函数的使用程序运行界面

5.6 自己练习

(1) 设计一个应用程序,界面如图 1.38 所示。输入一个三位整数,分别输出每一位数字。要求用两种方法实现(数值方法、字符串方法)。

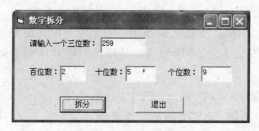

图 1.38 数字拆分界面

(2) 本程序实现字符串的分离操作。运行时在第一个文本框中输入一个由空格分隔的字符串,单击"分离"按钮后,将两个单词分离到第二个和第三个文本框中。程序运行结果如图 1.39 所示。

提示:首先用函数 InStr 找到空格的位置,然后使用 Left 和 Right 函数得到两个字符串。

(3) 在图片框中随机生成大小写字母,程序运行结果如图 1.40 所示。

图 1.39 分离字符串界面

图 1.40 随机生成大小写字母界面

提示:大写字母可用 Chr(Int(Rnd ∗ 26)+65)来生成。

实验 6 分支结构程序设计

6.1 实验目的

(1) 掌握输入数据语句的使用方法。
(2) 掌握输出数据语句的使用方法。
(3) 掌握分支语句的使用方法。

6.2　示例程序

【实验 6.1】　计算机等级考试的成绩分笔试成绩和机试成绩,其中笔试占 60%,机试占 40%。判断通过与否的依据是:笔试与机试均要大于等于 60 分,然后根据总成绩判断其分数等级。

【分析】　在分别输入笔试与机试成绩后,判断其是否满足规定的条件,若不满足条件,则直接输出是哪项不及格;若两项均满足条件再判断其成绩等级。

【操作步骤】

1. 新建一个应用程序

启动 VB,创建一个标准 EXE 类型的应用程序。

2. 设计应用程序界面

在窗体设计器中,向窗体 Form1 添加 3 个标签控件、两个文本框控件、两个命令按钮控件。

3. 设置对象的属性

按表 1-5 所示设置各对象的属性。

表 1-5　窗体及各对象的属性设置

对象	属性名	属性值	对象	属性名	属性值
Form1	Caption	判断成绩等级	Label3	Caption	
Label1	Caption	笔试成绩:	Command1	Caption	判断
Label2	Caption	机试成绩:	Command2	Caption	结束

4. 程序代码

```
Option Explicit
Dim bs As Integer, js As Integer
Private Sub Command1_Click()
    Dim score As Single, temp1 As String, temp2 As String
    If bs< 60 * 0.6 Then
        MsgBox "笔试成绩不合格,考试未通过!", vbExclamation, "结果": End
    End If
    If js< 60 * 0.4 Then
        MsgBox "机试成绩不合格,考试未通过!", vbExclamation, "结果": End
    End If
    score=bs * 0.6+js * 0.4
    temp1="总成绩为: "
    temp2="成绩结果为: "
    Select Case score
        Case Is>=90
            Label3.Caption=temp1 & score & temp2 & "优秀!"
        Case Is>=60
```

```
            Label3.Caption=temp1 & score & temp2 & "通过!"
         Case Else
            Label3.Caption=temp1 & score & temp2 & "未通过!"
      End Select
   End Sub
Private Sub Command2_Click()
    End
End Sub
Private Sub Text1_LostFocus()
    bs=Text1.Text
    If bs<0 Or bs>100 Then
        MsgBox "数据错误,重新输入!", vbExclamation, "数据出错"
        Text1.Text=""
        Text1.SetFocus
    End If
End Sub
Private Sub Text2_LostFocus()
    js=Text2.Text
    If js<0 Or js>100 Then
        MsgBox "数据错误,重新输入!", vbExclamation, "数据出错"
        Text2.Text=""
        Text2.SetFocus
    End If
End Sub
```

5. 保存工程

将窗体以 F1.frm 为文件名,工程以 P1.vbp 为文件名,保存到 D:\实验 6\文件夹中。

6. 执行并调试程序

单击工具栏中的 ▶ 按钮(或按 F5 键),执行当前程序,如图 1.41 所示。如果有错误,或没有达到设计目的,则打开代码编辑窗口进行修改,直至达到设计要求。

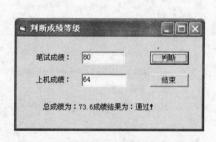

图 1.41 "判断成绩等级"界面

6.3　阅读程序

【实验 6.2】　编写一个程序,将任意的 3 个整数由大到小排序。

【分析】　3 个整数如果两两进行比较,则其大小顺序有 6 种情况。本实验首先确定其中任意两个数的大小,然后再与第三个数进行比较,则只有 3 种情况,简化了程序。

【程序代码】

```
Private Sub Command1_Click()
    Dim a As Integer, b As Integer, c As Integer, t As Integer
```

```
        Randomize                                          '注1:
        a=InputBox("请输入第一个数", "输入")                   '注2:
        b=InputBox("请输入第二个数", "输入")
        c=InputBox("请输入第三个数", "输入")
        If a<b Then
            t=a: a=b: b=t                                  '注3:
        End If
        If c>a Then                                        '注4:
            Print c & ">" & a & ">" & b
        ElseIf c>b Then                                    '注5:
            Print a & ">" & c & ">" & b
        Else
            Print a & ">" & b & ">" & c
        End If
    End Sub
```

【实验 6.3】 编写一个程序,将一幅图像在窗体上任意方向移动。

【分析】 图像的移动可以使用对象的 Move 方法实现。需要考虑的是:要判断图像是否移动到某一个边界,如果移到了某个边界,则要改变移动的方向。另外图像的移动要使用定时器控件进行控制。

【程序代码】

```
Dim x As Single, y As Single
Private Sub Form_Load()
    x=25: y=25                                             '注1:
End Sub
Private Sub Timer1_Timer()
    Image1.Move Image1.Left+x, Image1.Top+y                '注2:
    If Image1.Left+Image1.Width>ScaleWidth Then            '注3:
        x=-25
    ElseIf Image1.Left<0 Then
        x=25
    ElseIf Image1.Top+Image1.Height>ScaleHeight Then       '注4:
        y=-25
    ElseIf Image1.Top<0 Then
        y=25
    End If
End Sub
```

6.4 完善程序

【实验 6.4】 编写一个能完成四则算术运算的程序。

【分析】 完成四则运算要注意三点:一是要对输入数据进行校验,输入错误则文本框不予接受;二是对运算符进行判断,防止输入不正确的运算符;三是除法运算要防止除数为零。

【程序代码】

```
Private Sub Command1_Click()
    Dim s1 As Single, s2 As Single, mess As Integer
    s1=Text1
    s2=Text2
    Select Case Trim(Text3)
        Case "+"
            Text4=s1+s2
        Case "-"
            Text4=s1-s2
        Case "*"
            Text4=s1*s2
        Case "/"
            If s2<>0 Then
                _____
            Else
                mess=MsgBox("分母为零,出错", vbRetryCancel, "出错")
                If mess=vbRetry Then
                    Text2=""
                    _____
                Else
                    End
                End If
            End If
        Case Else
            mess=MsgBox("运算符出错,重新输入", vbRetryCancel, "出错")
            If mess=vbRetry Then
                _____
                Text3.SetFocus
            Else
                End
            End If
    End Select
End Sub
Private Sub Command2_Click()
    End
End Sub
Private Sub Text1_Change()
    If Not IsNumeric(Text1) Then
        Text1=""
        Text1.SetFocus
```

```
        End If
End Sub
Private Sub Text2_Change()
    If Not IsNumeric(Text2) Then
        Text2=""
        Text2.SetFocus
    End If
End Sub
```

程序的运行结果如图 1.42 所示。

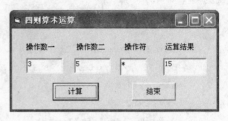

图 1.42　四则算术运算界面

6.5　改错程序

【实验 6.5】　编写一个能实现电子滚动屏幕的程序。要求当单击"开始"按钮时;"左右移动"几个汉字在窗体中左右反复移动,此时"开始"按钮的名称变为"继续",并变为不可用;当单击"暂停"按钮时,屏幕画面静止,"暂停"按钮变为不可用,"继续"按钮变为可用。

注意:改错时不能删除语句,也不能增加语句,但可以移动语句位置。

【分析】　在定时器事件过程中使用对象的 Move 方法移动文字,移动时要判断对象是否移出窗体。当对象的 Left 属性值大于窗体的 ScaleWidth 属性值时,要向左移;当对象的 Left 属性值为 0 时,要向右移。使用一个逻辑变量控制左右移动。

【含有错误的程序代码】

```
Dim flag As Boolean
Private Sub Command1_Click()
    flag=True
    Command1.Caption="继续"
    Timer1.Enabled=False                '定时器开始
    Command1.Enabled=False              '"开始"按钮无效
    Command2.Enabled=True               '"暂停"按钮有效
End Sub
Private Sub Command2_Click()
    Timer1.Enabled=False                '定时器停止
    Command2.Enabled=False              '"暂停"按钮无效
    Command1.Enabled=True               '"开始"按钮有效
End Sub
Private Sub Timer1_Timer()
    If flag=True Then                    '条件满足,向右移
        Label1.Move Label1.Left+50       '文字向右移动 50 缇
        If Label1.Left+Label1.Width>=Form1.ScaleWidth Then
            flag=True
        End If
```

```
        End If
        If flag=False Then          '条件满足,向左移
            Label1.Move Label1.Left-50
            If Label1.Top=0 Then     '条件满足时,表示文字
                                     '移到窗体的左边界
                flag=True
            End If
        End If
End Sub
```

图 1.43 滚动屏幕界面

程序运行界面如图 1.43 所示。

6.6 自己练习

(1) 本程序是一个用户登录窗口,界面如图 1.44 所示。要求当用户输入的口令正确时(口令为"101010"),显示信息"祝贺你,登录成功!"(图 1.45);否则显示"对不起,口令错误,请再试一次!"(图 1.46);若 3 次输入口令错误,则显示"对不起,你无权使用本系统!"(图 1.47)。

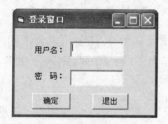

图 1.44 登录窗口界面

图 1.45 登录成功界面

图 1.46 重试界面

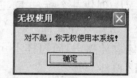

图 1.47 登录不成功界面

(2) 计算铁路运费。假设铁路货运费用收取标准为 110 元/吨,具体计算方法如表 1-6 所示。

表 1-6 铁路货运费用计算方法

公里数(S)	折扣	公里数(S)	折扣
S<200	无折扣	800≤S<1300	9%
200≤S<450	2%	1300≤S<1800	12%
450≤S<800	5%	S≥1800	15%

要求用两种方法(If 语句与 Select 语句)计算。

（3）修改实验 6.5 的文字移动方式。将其修改为文字从左向右移，移出右边界后从左边界出现，继续移动。

（4）编写程序，界面如图 1.48 所示。在文本框中输入年号，判断该年是否闰年。闰年的条件是：年号能被 4 整除但不能被 100 整除，或者能被 400 整除。

图 1.48　判断是否闰年界面

实验 7　For 循环结构程序设计

7.1　实验目的

（1）掌握 For 循环语句的使用方法。
（2）掌握 For 循环语句嵌套的使用方法。

7.2　示例程序

【实验 7.1】　编写程序，在图片框中输出对角线元素为 0，其余元素为 1 的一个方阵。

【分析】　方阵的行列数由键盘输入。假设方阵为 10 行 10 列，则一个方阵的对角线元素满足下列式子：

$$i = j \quad \text{或} \quad i = 11 - j$$

【操作步骤】

1. 新建一个应用程序

启动 VB，创建一个标准 EXE 类型的应用程序。

2. 设计应用程序界面

在窗体设计器中，向窗体 Form1 添加一个图片框控件、两个命令按钮 Command1 和 Command2 控件。

3. 设置对象的属性

按表 1-7 所示设置各对象的属性。

表 1-7　窗体及各对象的属性设置

对象	属性名	属性值	对象	属性名	属性值
Form1	Caption	生成对角线元素为 0 的方阵	Command2	Caption	结束
Command1	Caption	生成			

4. 程序代码

```
Private Sub Command1_Click()
    Dim i As Integer, j As Integer
```

```
m=InputBox("请输入行数：", "输入", 10)
n=InputBox("请输入列数：", "输入", 10)
For i=1 To m
    For j=1 To n
        If i=j Or i=11-j Then              '满足条件的为对角线元素
            Picture1.Print Format("0", "@@@");     '输出对角线元素
        Else
            Picture1.Print Format("1", "@@@");     '输出其他元素
        End If
    Next j
    Picture1.Print                         '在图片框中换行
Next i
End Sub
Private Sub Command2_Click()
    End
End Sub
```

5. 保存工程

将窗体以 F1.frm 为文件名,工程以 P1.vbp 为文件名,保存到 D:\实验 7\文件夹中。

6. 执行并调试程序

单击工具栏中的 ▶ 按钮(或按 F5 键),执行当前程序,如图 1.49 所示。如果有错误,或没有达到设计目的,则打开代码编辑窗口进行修改,直至达到设计要求。

图 1.49　对角线为 0 的方阵

7.3　阅读程序

【实验 7.2】　下面程序的功能是：从给定的纯英文字符串中找出最长的一个按字母顺序排列的子串。

【分析】　利用 Asc 函数可以判断相邻两个字母是否按字母顺序排列。若相邻两个字母的 ASCII 码相差为 1,则是按字母顺序排列的,否则就不是。

查找的方法是：顺序找出第一个串,再继续找出下一个串;将两个串进行比较,将较长的串作为第一个串,依此类推,直到全部字符都比较完,可以找到最长的串。

【程序代码】

```
Option Explicit
Private Sub Command1_Click()
    Dim s As String, i As Integer, str1 As String, str2 As String
    s=Text1
    str1=Mid(s, 1, 1)                      '注1:
    For i=1 To Len(s)-1
```

```
        If Asc(Mid(s, i+1, 1))-Asc(Mid(s, i, 1))=1 Then          '注2:
            str1=str1 & Mid(s, i+1, 1)                           '注3:
        Else
            If Len(str1)>1 And Len(str1)>Len(str2) Then          '注4:
                str2=str1                                        '注5:
            End If
            str1=Mid(s, i+1, 1)                                  '注6:
        End If
    Next i
    If Len(str1)>1 And Len(str1)>Len(str2) Then                  '注7:
        Text2=str1                                               '注8:
    Else
        Text2=str2                                               '注9:
    End If
End Sub
Private Sub Command2_Click()
    End
End Sub
```

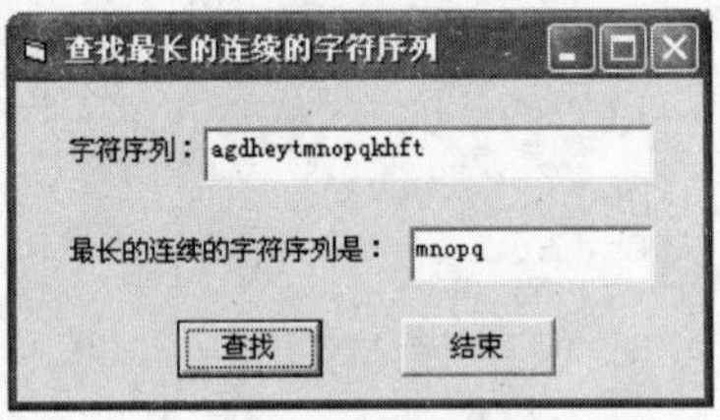

图 1.50　查找界面

程序的运行结果如图 1.50 所示。

7.4　完善程序

【实验 7.3】　歌手大奖赛,有 10 名评委打分,评分规则是:去掉一个最高分、一个最低分,其余评委的平均分为选手的得分。

【分析】　编程的思路是对每输入的一个评分,将其与最高分和最低分比较,若小于最低分,当前输入的分数作为最低分;若大于最高分,当前输入的分数作为最高分。比较开始时,将第一个分数作为最低分与最高分,再进行其余分数的比较。

【程序代码】

```
Private Sub Form_Click()
    Dim i As Integer, aver As Single
    Dim mark As Single, max As Single, min As Single
    aver=0
    For i=1 To 10
        mark=InputBox("请输入第" & i & "位评委的打分:", "输入评委的打分")
        If i=1 Then
            max=mark: _____                              '初始化最高分与最低分
        Else
            If mark<min Then
                _____
            ElseIf mark>max Then
                _____
            End If
```

```
        End If
        _____                                    '将所有评委打分相加
    Next i
    aver=_____                                   '去掉最高分与最低分后求平均分
    Print "选手的最后得分是: " & Format(aver, "#.###") & "分"
End Sub
```

程序的运行结果如图 1.51 与图 1.52 所示。

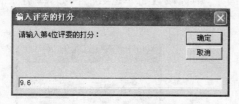

图 1.51　输入第 4 位评委的打分　　　　　图 1.52　计算选手的得分

7.5　改错程序

【实验 7.4】　设计一个程序。在列表框中输出 1~500 之间的红玫瑰数。

注意：改错时不能删除语句，也不能增加语句，但可以移动语句位置。

【分析】　所谓红玫瑰数是指一个正整数 n 的所有因子之和等于 n 的倍数，则称 n 为红玫瑰数。如 28 的因子之和为 $1+2+4+7+14=28$，所以 28 是红玫瑰数。

【程序代码】

```
Private Sub Command1_Click()
    Dim n As Integer, i As Integer,Sum As Integer
    Sum=0
    For n=1 To 500
        For i=1 To n
            If n Mod i=0 Then                       '若能整除,则是因子
                Sum=Sum+i                           '累加因子
            End If
        Next i
        If Sum=n Then                               '若是因子和的倍数
            List1.AddItem n                         '在列表框中输出
        End If
    Next n
End Sub
Private Sub Command2_Click()
    End
End Sub
```

程序正确的运行结果如图 1.53 所示。

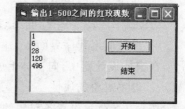

图 1.53　输出红玫瑰数

7.6 自己练习

(1) 编写一个程序,能将文本框中输入的字符串倒序输出,图 1.54 是程序的参考界面。

(2) 编写一个程序。在文本框中以每行 3 个的形式,输出[2,100]之间全部幸运数之和。所谓幸运数是指一个正整数有偶数个因子,则称该数为幸运数。例如:4 有 1 和 2 两个因子,故 4 是幸运数,如图 1.55 所示。

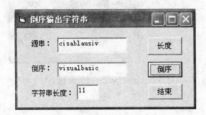

图 1.54 倒序输出字符串

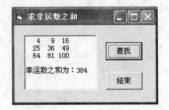

图 1.55 求幸运数之和

实验 8 Do 循环结构程序设计

8.1 实验目的

(1) 掌握 Do 循环语句的使用方法。
(2) 掌握 For 循环与 Do 循环语句嵌套的使用方法。

8.2 示例程序

【实验 8.1】 输入一个十进制整数,将其转换成二进制数、八进制数或十六进制数。

【分析】 十进制整数转换成二进制数、八进制数或十六进制数采用"除 n 取余"法(n 为 2、8 或 16),即用 n 不断去除要转换的十进制数,直至商为 0 为止,将每次所得的余数逆序排列(最后得到的余数为最高位),得到所转换的 n 进制数。

【操作步骤】

1. 新建一个应用程序

启动 VB,创建一个标准 EXE 类型的应用程序。

2. 设计应用程序界面

在窗体设计器中,向窗体上放置 3 个标签、2 个文本框、1 个列表框和 2 个命令按钮。

3. 设置对象的属性

按表 1-8 所示设置各对象的属性。

表 1-8　窗体及各对象的属性设置

对象	属性名	属性值	对象	属性名	属性值
Form1	Caption	数制转换	Text2	Text	
Label1	Caption	请输入十进制数：	List1	List	2、8、16
Label2	Caption	转换进制：	Command1	Caption	转换
Label3	Caption	转换结果：	Command2	Caption	结束
Text1	Text				

4. 程序代码

```
Private Sub Command1_Click()
    Dim y As String, x As Long, s As Integer
    Dim Ch As String, n As Integer
    Ch="0123456789ABCDEF"                        '转换码表
    If List1.ListIndex=-1 Then
        n=2                                       '未选时,则以二进制转换
    Else
        n=List1.Text
    End If
    y="": x=Val(Text1.Text)
    If x=0 Then
        Text2.Text=""
        MsgBox "请输入要转换的十进制数"
        Text1.Text=""
        Text1.SetFocus
        Exit Sub
    End If
    Do While x>0
        s=x Mod n                                 '取余数
        x=Int(x/n)                                '求商
        y=Mid(Ch, s+1, 1)+y                       '换码,并逆序累加到 y
    Loop
    Text2.Text=y
End Sub
Private Sub Command2_Click()
    Unload Me                                     '结束程序
End Sub
```

5. 保存工程

将窗体以 F1.frm 为文件名,工程以 P1.vbp 为文件名,保存到 D:\实验 8\文件夹中。

6. 执行并调试程序

单击工具栏中的 ▶ 按钮(或按 F5 键),执行当前程序,如图 1.56 所示。如果有错误,或没有达到设计目的,

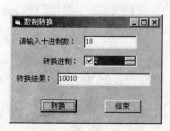

图 1.56　数制转换

则打开代码编辑窗口进行修改,直至达到设计要求。

8.3 阅读程序

【实验8.2】 编写程序,将文本框中以逗号分隔的数字输出到列表框中。

【分析】 将文本框中的内容赋给一个字符串变量,然后使用 Instr 函数查找逗号的位置。使用 Do 循环,将逗号左边的数字输出到列表框中,再将串变量中逗号以后的内容作为新的串,继续查找逗号的位置,直到在串中找不到逗号为止。

【程序代码】

```
Private Sub Command1_Click()
    Dim n As Integer, s As String, k As Integer
    s=Text1
    k=InStr(s, ",")                     '注1:
    Do While k<>0
        n=Left(s, k-1)                  '注2:
        List1.AddItem n                 '注3:
        s=Mid(s, k+1)                   '注4:
        k=InStr(s, ",")                 '注5:
    Loop
    List1.AddItem s                     '注6:
End Sub
Private Sub Command2_Click()
    End
End Sub
```

程序运行结果如图 1.57 所示。

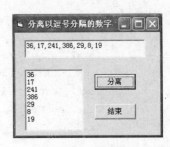

图 1.57　分离数字

8.4 完善程序

【实验8.3】 编写一个程序,从键盘上输入一个正整数,找出大于或等于该数的第一个素数。

【分析】 素数的定义是:一个数 x 除了 1 和它本身之外,不能被任何数整除,则 x 为素数。利用这个定义首先对输入的正整数进行判断,如果是素数,问题得到解决;如果不是素数,将 x 加 1 继续判断,直到找到大于或等于该数的第一个素数。

【程序代码】

```
Private Sub Command1_Click()
    Dim i As Integer, m As Integer, n As Integer, flag As Boolean
    flag=False                              'flag 为标志变量
    n=Text1
    m=n                                     '存放到变量 m 中
```

```
    Do While Not flag                              '找素数
        i=2
        flag=_____
        Do While flag And i<=n/2                    '判断 x 是否是素数
            If n Mod i=0 Then                       '若成立,则不是素数
                flag=False
            Else
                _____                            '否则继续
            End If
        Loop
        If Not flag Then _____                   '不是素数,判断下一个数
    Loop
    Print "大于或等于" & m & "的第一个素数是: " & n
End Sub
Private Sub Command2_Click()
    Text1=""
    Text2=""
    Text1.SetFocus
End Sub
Private Sub Command3_Click()
    End
End Sub
```

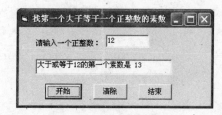

图 1.58　找素数

程序的运行结果如图 1.58 所示。

8.5　改错程序

【实验 8.4】　设 x 的值大于 1,计算下列表达式的值。

$$S = 1 - \frac{2}{x} + \frac{3}{x^2} - \frac{4}{x^3} + \frac{5}{x^4} - \frac{6}{x^5} + \cdots$$

要求计算精度到第 n 项的绝对值小于 10^{-5}。

　　注意:这里给出两种做法,修改其中的错误。改错时不能删除语句,也不能增加语句,但可以移动语句位置。

　　【分析】　由于无法预知循环次数,可以用 Do-Loop 语句配合 Exit Do 语句来解决。在循环中 n 表示项数,它的初值为 1,每做一次循环,$n=n+1$;如果 $\left|\dfrac{n}{x^{n-1}}\right|$ 的值小于 10^{-5},则结束循环,输出结果。

　　【含有错误的程序代码】

```
Private Sub Command1_Click()
    Dim s As Single, x As Integer, t As Single, n As Integer
    x=Text1
    n=1
```

```
    m=1
    Do
        s=1
        n=n+1
        m=-m
        t=m * n/x^(n-1)
        If Abs(m)<0.00001 Then Exit Do
        s=s+t
    Loop
    Text2=s
End Sub
Private Sub Command2_Click()
    Dim s As Single, x As Integer, t As Single, n As Integer
    x=Text1
    s=1
    n=2
    m=1
    m=-n/x
    Do While Abs(m)>=0.00001
        s=s+m
        n=n+1
        m=-m * n/x
    Loop
    Text2=s
End Sub
Private Sub Command3_Click()
    End
End Sub
```

程序正确的运行结果如图 1.59 所示。

图 1.59　计算表达式的值

8.6　自己练习

（1）分别使用 For 循环与 Do 循环语句计算下列表达式的值：

$$S = 1+\frac{1}{2}+\frac{1}{4}+\frac{1}{7}+\frac{1}{11}+\frac{1}{16}+\frac{1}{22}+\frac{1}{29}+\cdots$$

当第 i 项的值小于 10^{-5} 时结束。程序运行参考界面如图 1.60 所示。

（2）编写程序求 π 的近似值，当第 n 项的绝对值小于 10^{-5} 时停止计算。图 1.61 为程序运行参考界面。

$$\frac{\pi}{4} = 1-\frac{1}{3}+\frac{1}{5}-\frac{1}{7}+\cdots+(-1)^{n+1}\frac{1}{2n-1}+\cdots$$

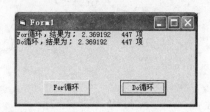

图 1.60 两种方法计算

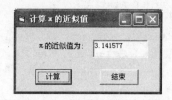

图 1.61 计算 π 的近似值

实验 9 一维数组程序设计

9.1 实验目的

(1) 掌握一维静态数组的声明及使用方法。
(2) 掌握动态数组的声明及使用方法。

9.2 示例程序

【实验 9.1】 生成若干个互不相同的两位随机正整数,在文本框中输出这些数,并输出其中最大的数。

【分析】 生成不同随机数的方法是:声明一个静态数组,当产生第一个数时,将其作为数组的第一个元素,以后每生成一个数,与数组中已有元素进行比较,若全不相同,则将其存入数组;若与数组的某一元素相同,则放弃该数并重新生成一个数,直到全部生成为止。找最大值的方法是:首先将第一个元素作为最大值,然后依次将其余元素与最大值进行比较,若某一元素大于最大值,则将其作为最大值,直至全部元素处理完毕。注意在设计界面时,要将文本框的 MultiLine 属性设为 True。

【操作步骤】

1. 新建一个应用程序

启动 VB,创建一个标准 EXE 类型的应用程序。

2. 设计应用程序界面

在窗体设计器中,向窗体 Form1 添加一个标签控件、一个文本框控件和两个命令按钮控件。

3. 设置对象的属性

按表 1-9 所示设置各对象的属性。

表 1-9 窗体及各对象的属性设置

对象	属性名	属性值	对象	属性名	属性值
Form1	Caption	生成互不相同的数	Command1	Caption	产生
Label1	Caption	互不相同的数为:	Command2	Caption	退出
Text1	Text				

4. 程序代码

```
Private Sub Command1_Click()
    Dim i As Integer, t As Integer, a(15) As Integer
    Dim max As Integer, k As Integer
    Randomize                                  '初始化随机数发生器
    i=1
    Do While i<=15
        t=Int(Rnd * 90)+10                     '产生一个随机数
        For j=1 To i-1
            If t=a(j) Then Exit For            '与已有元素进行比较
        Next j
        If j>i-1 Then                          '判断循环变量是否大于终值
            a(i)=t                             '存入数组
            Text1=Text1 & Str(a(i))            '在文本框中输出
            k=k+1
            If k Mod 3=0 Then Text1=Text1 & vbCrLf  '在文本框中换行
            i=i+1
        End If
    Loop
    max=a(1)                                   '第一个元素作为最大值
    For i=2 To 15
        If a(i)>max Then max=a(i)              '将 max 的值与每一个元素比较
    Next i
    Text1=Text1 & "其中最大的数为：" & max      '输出最大值
End Sub
```

5. 保存工程

将窗体以 F1.frm 为文件名，工程以 P1.vbp 为文件名，保存到 D:\实验9\文件夹中。

6. 执行并调试程序

单击工具栏中的 ▶ 按钮（或按 F5 键），执行当前程序，如图 1.62 所示。如果有错误，或没有达到设计目的，则打开代码编辑窗口进行修改，直至达到设计要求。

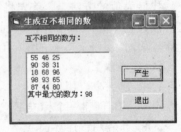

图 1.62　生成互不相同的数

9.3　阅读程序

【实验 9.2】　随机产生由 n 个（由键盘输入）10～20 之间的随机数组成的一维数组，要求删除其中重复的元素，保留不同的数组元素。

【分析】　由于不同元素的个数未知，所以声明一个动态数组。首先生成 n 个元素的数组，从第一个元素开始，依次与数组中其余元素进行比较，遇到相同元素时将其删除。

删除的方法是：从相同元素开始，后续元素均前移一个位置，然后数组个数减1。再从第二个元素开始，重复刚才的过程，这样会将所有重复的元素删除。

【程序代码】

```
Option Base 1
Private Sub Command1_Click()
    Dim i As Integer, j As Integer, m As Integer
    Dim a() As Integer, n As Integer
    n=InputBox("输入数组元素个数", "输入", 15)
    ReDim a(n)
    Print "产生的数组为："
    For i=1 To n
        a(i)=Int(Rnd * 11+10)                    '注1:
        Print a(i);
    Next i
    Print
    m=1
    Do While m<=n
        i=m+1
        Do While i<=n
            If a(i)=a(m) Then                     '注2:
                For j=i To n-1
                    a(j)=a(j+1)                   '注3:
                Next j
                n=n-1                             '注4:
            Else
                i=i+1                             '注5:
            End If
        Loop
        m=m+1                                     '注6:
    Loop
    ReDim Preserve a(n)                           '注7:
    Print "删除重复元素后的数组："
    For i=1 To UBound(a)
        Print a(i);
    Next i
End Sub
```

程序运行结果如图 1.63 所示。

图 1.63　删除重复的数

9.4 完善程序

【实验 9.3】 编写程序,生成一个由 20 个 1～9 之间的随机整数组成的一维数组,将该数组进行降序排列,然后统计每一个元素出现的次数。

【分析】 首先生成题目要求的随机数组,采用选择排序法进行排序。由第一个元素开始,依次与后续元素进行比较,遇到相同的元素,计数器加 1;遇到不同元素时,则跳过相同元素的个数,即从第二个不同的元素开始,依次与后续元素进行比较,重复刚才的过程,直至所有元素比较完毕。

【程序代码】

```
Option Base 1
Private Sub Command1_Click()
    Dim a(20) As Integer, i As Integer, j As Integer
    Dim m As Integer, t As Integer
    Randomize                                    '初始化随机数发生器
    Print "序列"
    For i=1 To 20
        a(i)=_____                            '生成随机数
        Print a(i);
    Next i
    Print: Print "排序"
    For i=1 To 19
        k=i
        For j=i+1 To 20
            If a(j)>=a(k) Then _____          '找最大值的下标
        Next j
        t=a(i): _____ : a(k)=t                '交换
    Next i
    For i=1 To 20
        Print a(i);
    Next i
    Print: Print "每个数字的个数"
    i=1
    Do While i<=20
        t=1
        If i<20 Then j=i+1
        Do While a(i)=a(j)
            _____                             '相同元素计数
            If j<20 Then
                j=j+1
            Else
                _____                         '退出当前循环
```

```
            End If
        Loop
        Print t & "个" & a(i)
        i=i+t          '跳过相同元素的个数
    Loop
End Sub
```

程序运行结果如图 1.64 所示。

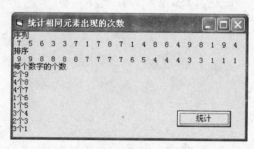

图 1.64   统计相同元素出现的次数

9.5   改错程序

【实验 9.4】   设计一个程序,在图片框中输出 100 以内的所有完数。一个数如果恰好等于它的因子之和,这个数称为完数。一个数的因子是指除了该数本身以外能够被其整除的数。例如,6 的因子为 1、2、3,且 6＝1＋2＋3,则 6 是完数。

注意:改错时不能删除语句,也不能增加语句,但可以移动语句位置。

【分析】   因为要处理的正整数有多少个因子未知,所以在程序中要使用动态数组存放正整数的因子。为了求每个正整数的所有因子,在得到一个正整数的所有因子并输出到图片框中以后,要用 Erase 语句释放动态数组所占用的存储空间。

【含有错误的程序代码】

```
Private Sub Command1_Click()
    Dim a() As Integer, s As Integer, i As Integer
    Dim j As Integer, k As Integer
    s=0
    For i=1 To 100
        k=0
        For j=1 To i-1
            If i Mod j=0 Then              '找因子
                k=k+1
                ReDim a(k)                 '数组增加一个元素
                a(k)=j                     '将因子存入数组
                s=s+j                      '累加因子
            End If
        Next j
```

```
        If s=i Then                              '条件满足,则是完数
            Picture1.Print i; "=";
            For j=1 To k
                Picture1.Print a(j); "+";        '在图片框中输出因子
            Next j
            Picture1.Print a(j)
        End If
        Erase a              '释放数组 a 占用的内存
    Next i
End Sub
```

图 1.65   找 100 以内的完数

程序正确运行的结果如图 1.65 所示。

9.6   自己练习

(1) 编写程序,随机生成 10 个 30~50 之间的正整数,输出其中最大的那个元素及所在的位置。

(2) 编写程序,随机生成 10 个两位的正整数,在文本框中输出其中具有偶数个因子的数及因子。

实验 10   二维数组程序设计

10.1   实验目的

(1) 掌握二维数组的声明及使用方法。
(2) 掌握二维数组的输出方法。

10.2   示例程序

【实验 10.1】   设计一个程序,随机生成由两位正整数组成的 4 行 5 列的数组,在图片框中输出该数组,并在文本框中输出数组中最大元素所在的位置,若最大值有多个,则全部标记出来。

【分析】   使用二重循环生成二维数组。将第一个元素的值作为最大值,将其余所有元素与最大值比较,若某元素比最大值大,则将其作为最大值。找到最大值后,将数组全部元素与最大值比较,与其相同的,输出其所在的行与列的值。

【操作步骤】

1. 新建一个应用程序
启动 VB,创建一个标准 EXE 类型的应用程序。

2. 设计应用程序界面

在窗体设计器中,向窗体 Form1 添加一个图片框控件、一个文本框控件和两个命令按钮控件。注意在设计界面时,要将文本框的 MultiLine 属性设为 True。

3. 设置对象的属性

按表 1-10 所示设置各对象的属性。

表 1-10 窗体及各对象的属性设置

对象	属性名	属性值	对象	属性名	属性值
Form1	Caption	输出最大元素所在的行与列	Command1	Caption	生成数组
Text1	Text		Command2	Caption	清除

4. 程序代码

```
Option Base 1
Private Sub Command1_Click()
    Dim a(4, 5) As Integer, i As Integer, j As Integer, max As Integer
    Randomize                              '初始化随机数发生器
    For i=1 To 4
        For j=1 To 5
            a(i, j)=Int(90 * Rnd+10)       '生成一个元素
            Picture1.Print a(i, j);         '在图片框中输出
        Next j
        Picture1.Print                      '在图片框中换行
    Next i
    max=a(1, 1)                            '最大值赋初值
    For i=1 To UBound(a, 1)
        For j=1 To UBound(a, 2)
            If max<=a(i, j) Then            '找最大值
                max=a(i, j)
            End If
        Next j
    Next i
    Text1="最大元素为: " & Str(max)
    For i=1 To UBound(a, 1)                 '将全部元素与最大值比较
        For j=1 To UBound(a, 2)
            If a(i, j)=max Then             '将全部元素与最大值比较
                n=i
                m=j
                Text1=Text1 & vbCrLf & "在" & n & "行," & m & "列"
            End If
        Next j
    Next i
End Sub
Private Sub Command2_Click()
```

```
        Picture1.Cls
        Text1=""
    End Sub
```

5. 保存工程

将窗体以 F1.frm 为文件名,工程以 P1.vbp 为
文件名,保存到 D:\实验 10\文件夹中。

6. 执行并调试程序

单击工具栏中的 ▶ 按钮(或按 F5 键),执行当
前程序,如图 1.66 所示。如果有错误,或没有达到
设计目的,则打开代码编辑窗口进行修改,直至达到
设计要求。

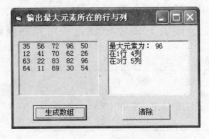

图 1.66 输出最大元素的位置

10.3 阅读程序

【实验 10.2】 编写一个程序,输出杨辉三角形。

```
          1                        1
        1   1                    1   1
      1   2   1                1   2   1
    1   3   3   1            1   3   3   1
  1   4   6   4   1        1   4   6   4   1
        ...                      ...
```

【分析】

(1)将杨辉三角形写成直角三角形形状,可以看出此为一方阵的下三角,使用二维整
型数组即可表示。

(2)进一步观察可看出,第 1 列元素与对角线元素都为 1。用数组元素可表示为:

$$a(i,1) = 1$$
$$a(i,i) = 1$$

(3)非对角线元素满足下面的关系:

$$a(i,j) = a(i-1,j-1) + a(i-1, j)$$

(4)输出控制。两个元素之间的空格应该是奇数个,不妨假设空 5 个。

【程序代码】

```
Option Base 1
Private Sub Command1_Click()
    Dim a(5, 5) As Integer
    Dim i As Integer, j As Integer
    For i=1 To 5
        a(i, 1)=1: a(i, i)=1                        '注 1:
    Next i
```

```
    For i=2 To 5
        For j=2 To i-1                          '注2:
            a(i, j)=a(i-1, j-1)+a(i-1, j)
        Next j
    Next i
    For i=1 To 5
        Print Space(10+ (5-i) * 3);             '注3:
        For j=1 To i
            Print CStr(a(i, j)); Space(5);      '注4:
        Next j
        Print                                   '注5:
    Next i
End Sub
```

本程序还可以用下面的方式实现：

```
Private Sub Command2_Click()
    Dim a(5, 5) As Integer
    Dim i As Integer, j As Integer
    For i=1 To 5
        a(i, 1)=1: a(i, i)=1
        If i>=3 Then
            For j=2 To i-1
                a(i, j)=a(i-1, j-1)+a(i-1, j)
            Next j
        End If
        For j=1 To i
            Print Tab(20-3 * i+6 * j); CStr(a(i, j));
        Next j
        Print
    Next i
End Sub
```

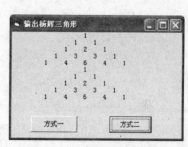

图 1.67　输出杨辉三角形

程序运行结果如图 1.67 所示。

10.4　完善程序

【实验 10.3】　编写一个程序,输出由两位随机正整数组成的 5 行 4 列二维数组的鞍点。所谓鞍点是指在二维数组中,若某数在其所在的行上是最大的,同时又是其所在的列上最小的,则该数所在位置为这个二维数组的一个鞍点。若没有找到鞍点,则输出"无鞍点"。

【分析】　程序在每行先找到一个最大的数所在的列数,然后判断该数是否为这一列最小的,若是,则输出该鞍点;否则进入下一行处理,直到所有行处理完毕。一个二维数组可能有鞍点,也可能没有鞍点。

【程序代码】

```
Dim a(1 To 5, 1 To 4)
Private Sub Command1_Click()
    Dim i As Integer, j As Integer
    _____                                    '初始化随机数发生器
    For i=1 To 5
        For j=1 To 4
            a(i, j)=Int(Rnd() * 41)-20
            Text1=Text1 & Right("    " & a(i, j), 4)    '在文本框中输出
        Next j
        _____                                '在文本框中换行
    Next i
End Sub
Private Sub Command2_Click()
    Dim f As Boolean, i As Integer, j As Integer
    Dim m As Integer                            'm为某行中的最大值
    Dim h As Integer                            'h为某行最大值所在的列
    f=False                                     '设置标志的初值
    For i=1 To 5
        m=_____
        h=1
        For j=2 To 4
            If a(i, j)>m Then
                m=a(i, j)
                _____
            End If
        Next j
        For j=1 To 5
            If m>a(j, h) Then Exit For
        Next j
        If j>=6 Then                            '循环变量大于终值,则有鞍点
            Text1=Text1 & "第" & i & "行第" & h & _
                "列是鞍点"
            _____                            '改变标志的值
        End If
    Next i
    If f=False Then Text1=Text1 & "无鞍点"
End Sub
```

程序的运行结果如图 1.68 所示。

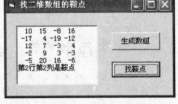

图 1.68　找二维数组的鞍点

10.5　改错程序

【实验 10.4】　本程序的功能是随机生成由 3 位数组成的二维数组并输出在图片框 1 中,从中找出不含数字"0"的数输出在图片框 2 中。

注意：改错时不能删除语句，也不能增加语句，但可以移动语句位置。

【分析】 判断一个数中是否含有数字"0"，可以使用 InStr 函数。声明一个动态数组，循环中逐一判断每个数，若不含数字"0"，则以字符形式累加到一个字符串变量中，循环结束后将字符串变量的值，输出到图片框 2 中。

【含有错误的程序代码】

```
Dim a(4, 5) As Integer
Private Sub Command1_Click()
    Dim i As Integer, j As Integer, s As String
    Randomize
    For i=1 To 4
        For j=1 To 5
            a(i, j)=Int(Rnd * 900+100)
            s=s & Str(a(i, j))
        Next j
        s=vbCrLf
    Next i
    Picture1.Print s
End Sub
Private Sub Command2_Click()
    Dim b() As Integer, i As Integer, j As Integer, s1 As String
    Dim n As Integer
    For i=1 To 4
        For j=1 To 5
            n=n+1
            If InStr(a(i, j), "0")=0 Then
                ReDim Preserve b(n)
                b(n)=a(i, j)
            End If
        Next j
    Next i
    For i=1 To 5
        s1=s1 & Str(b(i))
        If i Mod 5=0 Then s1=s1 & vbCrLf
    Next i
    If s1<>"" Then
        Picture2.Print s1
    Else
        Picture2.Print "没有要找的数"
    End If
End Sub
Private Sub Command3_Click()
    End
End Sub
```

程序正确运行的界面如图 1.69 所示。

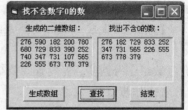

图 1.69 查找不含数字 0 的数

10.6　自己练习

(1) 编写程序,如图 1.70 所示,求一个 4×4 方阵的范数。定义方阵的一种范数为该方阵各列元素的绝对值之和中的最大值。该方阵的数据是随机生成的 -20~20 之间的整数。

(2) 已知某个 N 阶方阵的元素为 1~50 之间的整数。编写程序,找出方阵(二维数组)的所有凸点。所谓凸点是指在本行、本列中数值最大的元素。一个方阵可能有多个凸点,也可能没有凸点。程序界面如图 1.71 所示。

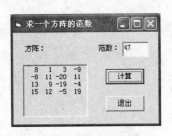
图 1.70　求方阵范数的界面

图 1.71　找方阵的凸点

实验 11　Sub 过程程序设计

11.1　实验目的

(1) 掌握 Sub 过程的声明与调用方法。
(2) 理解传值与传地址的参数传递方式。
(3) 掌握数组作为参数的使用方法。

11.2　示例程序

【实验 11.1】　本程序的功能是:首先生成一个由小到大已排好序的整数数组,再输入一个数据,单击"插入"按钮,会自动把这个数据插入到原数组适当的位置,并保持数组的有序性。

【分析】　生成一个由小到大已排好序的整数数组,可以利用构造表达式直接得到,比如:$a(i)=(i-1)*10+1$,当 i 由 1 到 10 变化时,即可得到所需的数。将一个数插入到有序数组中分两步:首先查找要插入的位置;其次是进行移位插入。

【操作步骤】

1. 新建一个应用程序

启动 VB,创建一个标准 EXE 类型的应用程序。

2. 设计应用程序界面

在窗体设计器中,向窗体 Form1 添加两个标签控件、3 个文本框控件、一个命令按钮。

3. 设置对象的属性

按表 1-11 所示设置各对象的属性。

表 1-11 窗体及各对象的属性设置

对象	属性名	属性值	对象	属性名	属性值
Form1	Caption	升序数列中插入一个元素	Command1	Caption	插入
Label1	Caption	有序数组:	Command2	Caption	结束
Label2	Caption	待插入数:			

4. 程序代码

```
Option Explicit
Dim a() As Integer                         '声明一个动态数组
Private Sub Form_Activate()
    Dim i As Integer
    ReDim a(10)                            '声明数组有 10 个元素
    For i=1 To 10
        a(i)=(i-1)*10+1                     '数组元素是递增的
        Text1=Text1 & Str(a(i))
    Next i
    Text2.SetFocus
End Sub
Private Sub Command1_Click()
    Dim n As Integer, i As Integer
    n=Text2                                'n 为要插入的数
    For i=1 To UBound(a)
        If a(i)>n Then Exit For            '寻找插入位置
    Next i
    Call inst(a, n, i)                     '调用插入的过程,i 为插入的位置
    For i=1 To UBound(a)
        Text3=Text3 & Str(a(i))
    Next i
End Sub
Private Sub inst(p() As Integer, n As Integer, k As Integer)
    Dim i As Integer
    ReDim Preserve p(UBound(p)+1)          '数组递增一个元素
    For i=UBound(p)-1 To k Step-1
        p(i+1)=p(i)                        '数组元素移位
    Next i
    p(k)=n                                 '插入元素
End Sub
```

```
Private Sub Command2_Click()
    End
End Sub
```

5. 保存工程

将窗体以 F1.frm 为文件名,工程以 P1.vbp 为文
件名,保存到 D:\实验 11\文件夹中。

6. 执行并调试程序

单击工具栏中的 ▶ 按钮(或按 F5 键),执行当前
程序,如图 1.72 所示。如果有错误,或没有达到设计
目的,则打开代码编辑窗口进行修改,直至达到设计
要求。

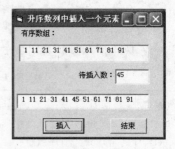

图 1.72 有序数列中插入一个元素

11.3 阅读程序

【实验 11.2】 本程序功能是:将 10~20 范围内的数分别表示成若干个质因子连乘
的形式,并输出到列表框中。

【分析】 由题意知,需要声明一个过程,该过程用于求出一个数的所有质因子。由于
每个数的质因子个数是不同的,过程中使用的数组应为一个动态数组。判断质因子时要
注意有多个同一因子的情况。

【程序代码】

```
Option Explicit
Private Sub Command1_Click()
    Dim j As Integer, pf() As Integer, i As Integer
    Dim st As String
    For i=10 To 20
        Call prime_f(i, pf)                          '注 1:
        st=CStr(i) & "="
        For j=1 To UBound(pf)-1
            st=st & Str(pf(j)) & "*"                 '注 2:
        Next j
        st=st & Str(pf(j))                           '注 3:
        List1.AddItem st
    Next i
End Sub
Private Sub prime_f(ByVal n As Integer, a() As Integer)
    Dim i As Integer, k As Integer
    i=2
    Do
        If n Mod i=0 Then                            '注 4:
            k=k+1
```

```
        ReDim Preserve a(k)
        a(k)=i                              '注5:
        n=n\i                               '注6:
    Else
        i=i+1                               '注7:
    End If
    Loop Until n<=1
End Sub
Private Sub Command2_Click()
    End
End Sub
```

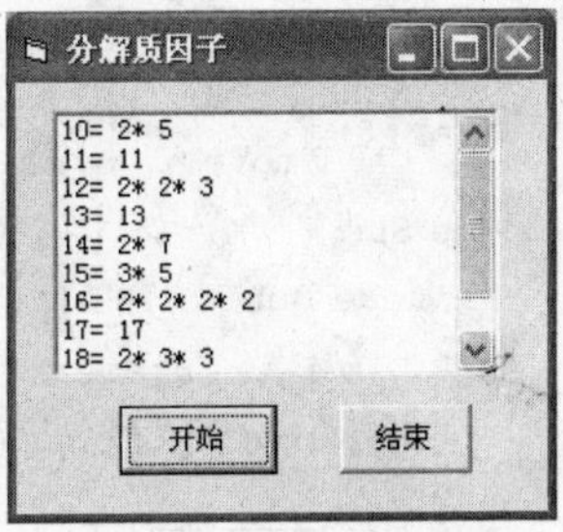

程序的运行结果如图 1.73 所示。

图 1.73 分解质因子

11.4 完善程序

【实验 11.3】 本程序的功能是：随机生成一个有 n 个元素的数组（n 由 InputBox 函数输入），找出其中的最大元素并将它删除，输出删除后的数组。

【分析】 生成一个由小到大已排好序的整数数组，可以利用构造表达式直接得到，比如：$a(i)=(i-1)*100+1$，当 i 变化时，即可得到所需的数。删除最大数分两步：首先调用一个过程查找最大数的位置；其次是进行移位删除。

【程序代码】

```
Option Explicit
Option Base 1
Dim a() As Integer, n As Integer
Private Sub Command1_Click()
    Dim i As Integer
    Randomize
    n=InputBox("请输入数组个数", , 10)          '输入数组个数
    ReDim a(n)                                '重定义数组
    For i=1 To n
        a(i)=Int(Rnd * 100)+1                 '生成数组
        Text1=Text1 & Str(a(i))               '在文本框中输出
    Next i
    Call lookup(a)                            '调用过程
    For i=1 To _____
        Text2=Text2 & Str(a(i))
    Next i
End Sub
Private Sub lookup(a() As Integer)            '找最大值的过程
    Dim maxv As Integer, maxp As Integer, i As Integer
    maxv=a(1): maxp=1                         '最大值及下标
```

```
        For i=2 To n
            If a(i)>maxv Then
                _____
            End If
        Next i
        Call move_f(a, maxp)
    End Sub
    Private Sub move_f(a() As Integer, k As Integer)     '删除最大值的过程
        Dim i As Integer
        For i=k To UBound(a)-1
                                                          '进行移位
            _____
        Next i
        ReDim Preserve a(UBound(a)-1)     '重新声明大小
    End Sub
    Private Sub Command2_Click()
        End
    End Sub
```

图 1.74   删除数组中的最大数

程序的运行结果如图 1.74 所示。

11.5   改错程序

【实验 11.4】   本程序的功能是：输出 100 以内有 3 个不同质因子的所有整数。

注意：改错时不能删除语句，也不能增加语句，但可以移动语句位置。

【分析】   声明一个求质因数的 Sub 过程，将一个数的所有质因数保存到数组中。调用该过程，如果数组的元素个数为 3，则输出该数及各个因子。

【含有错误的程序代码】

```
Option Explicit
Option Base 1
Private Sub Command1_Click()
    Dim i As Integer, j As Integer, a() As Integer, s As String
    For i=2 To 100
        Call zys(i, a)                          '调用过程判断 i
        If UBound(a)=3 Then                      '条件满足,则找到了一个
            s=i & "的质因子: "
            For j=1 To UBound(a)
                s=s & Str(a(j))                  '累加因子
            Next j
            List1.AddItem s                      '输出该数
        End If
    Next i
End Sub
```

```
Private Sub zys(x As Integer, a() As Integer)
    Dim i As Integer, j As Integer
    j=2
    Do
        If x Mod j=0 Then
            i=i+1
            ReDim a(i)
            a(i)=j                          '保存到数组中
            x=x\j
            Do While x Mod j=0
                x=x\j                       '摒弃相同的因子
            Loop
        Else
            j=j+1
        End If
    Loop Until x=0
End Sub
Private Sub Command2_Click()
    End
End Sub
```

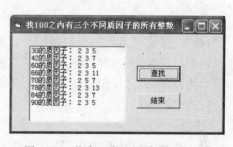

图 1.75　找有 3 个不同质因子的 100
以内的整数

程序正确的运行结果如图 1.75 所示。

11.6　自己练习

（1）编写一个程序，生成 20 个互不相同的 1～100 之间的随机整数，将其以每行 5 个的形式分别输出到文本框与图片框中。生成若干个互不相同的随机整数用过程实现。程序参考界面如图 1.76 所示。

（2）设计一个程序，将文本框中输入的以逗号分隔的若干数据存入一个数组，找出其中的合数，将其输出到列表框中。所谓合数是指除了可被 1 和自身整除之外，还可被其他数整除的数，如 12。程序参考界面如图 1.77 所示。

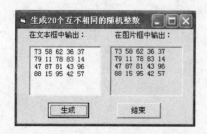

图 1.76　生成互不相同的随机整数

图 1.77　查找文本框中的合数

实验 12 Function 过程程序设计

12.1 实验目的

(1) 掌握 Function 过程的声明与调用方法。
(2) 掌握 Function 过程与 Sub 过程的不同调用方式。

12.2 示例程序

【实验 12.1】 本程序功能是：求二维随机生成的整数数组每一行元素中素数的个数。

【分析】 程序中声明一个判断一个整数是否为素数的 Function 过程。二维循环中调用该函数过程判断每行的每一个元素是否为素数，若是素数则计数器加 1，在一行中的全部元素判断完以后，输出计数器的值，并将计数器清零，继续下一行的判断。

【操作步骤】

1. 新建一个应用程序

启动 VB，创建一个标准 EXE 类型的应用程序。

2. 设计应用程序界面

在窗体设计器中，向窗体 Form1 添加两个标签控件、3 个文本框控件、一个命令按钮。

3. 设置对象的属性

按表 1-12 所示设置各对象的属性。

表 1-12 窗体及各对象的属性设置

对象	属性名	属 性 值	对象	属性名	属 性 值
Form1	Caption	求每行元素中素数的个数	Text1	Text	
Label1	Caption	数组元素如下：	Command1	Caption	生成数组
Label2	Caption	素数：	Command2	Caption	计算

4. 程序代码

```
Option Explicit
Dim a() As Integer, m As Integer, n As Integer
Private Sub Command1_Click()
    Dim i As Integer, j As Integer
    m=InputBox("行数",, 4)
    n=InputBox("列数",, 5)
    Randomize
    ReDim a(m, n)                              '重新声明数组大小
    For i=1 To m
```

```
        For j=1 To n
            a(i, j)=Int(Rnd * 90)+10          '随机生成一个元素
            Picture1.Print a(i, j);           '在图片框中输出元素
        Next j
        Picture1.Print                        '在图片框中换行
    Next i
End Sub
Private Sub Command2_Click()
    Dim i As Integer, j As Integer
    Dim k As Integer
    For i=1 To m
        k=0
        For j=1 To n
            If prime(a(i, j)) Then k=k+1      '统计素数的个数
        Next j
        Text1=Text1 & k & vbCrLf              '在文本框中输出个数并换行
    Next i
End Sub
Private Function prime(n As Integer) As Boolean
    Dim i As Integer
    For i=2 To Sqr(n)
        If n Mod i=0 Then Exit Function       '条件满足,不是素数
    Next i
    prime=True                                '是素数
End Function
```

5. 保存工程

将窗体以 F1. frm 为文件名,工程以 P1. vbp 为文件名,保存到 D:\实验 12\文件夹中。

6. 执行并调试程序

单击工具栏中的 ▶ 按钮(或按 F5 键),执行当前程序,如图 1.78 所示。如果有错误,或没有达到设计目的,则打开代码编辑窗口进行修改,直至达到设计要求。

图 1.78　求每行元素中素数的个数

12.3　阅读程序

【**实验 12.2**】　本程序的功能是:从随机生成的由 3 位数组成的数组中,找出所有的升序数。所谓升序数是指该数的各位数字自左向右,依次递增的整数,如 127、368、579 等。

【**分析**】　该程序的核心是判断一个数是否为升序数。事实上对一个三位数而言,只要满足第一位数大于第二位数,第二位数大于第三位数,则一定是升序数,否则一定不是

升序数。判断升序数用函数过程实现。

【程序代码】

```
Option Explicit
Private Sub Command1_Click()
    Dim a(30) As Integer, i As Integer, k As Integer
    For i=1 To 30
        a(i)=Int(900 * Rnd+100)                       '注1:
        Picture1.Print a(i);                          '注2:
        If i Mod 5=0 Then Picture1.Print              '注3:
    Next i
    Picture1.Print "升序数为："
    For i=1 To 30
        If shengxu(a(i)) Then                         '注4:
            Picture1.Print a(i);
            k=k+1                                     '注5:
        End If
    Next i
    If k=0 Then Picture1.Print "无升序数！"           '注6:
    Picture1.Print
End Sub
Private Function shengxu(n As Integer) As Boolean
    Dim i As Integer, m1 As Integer, m2 As Integer
    For i=2 To Len(CStr(n))                '注7:
        m1=Mid(n, i-1, 1)
        m2=Mid(n, i, 1)
        If m1>=m2 Then Exit Function       '注8:
    Next i
    shengxu=True                           '注9:
End Function
```

图 1.79　找升序数

程序的运行结果如图 1.79 所示。

12.4　完善程序

【实验 12.3】　本程序的功能是：找出满足以下条件的三位数，不含数字 0 且任意交换数字位置所得到的数均能被 6 整除。

【分析】　判断一个数中是否有 0，可以使用 InStr 函数进行查找，函数值为 0，则不含数字 0；函数值不为 0，则含有数字 0。三位数任意交换数字位置可以通过字符串函数进行处理，总共可以得到 6 个数，然后再判断每个数能否被 6 整除。

【程序代码】

```
Option Explicit
Private Sub Command1_Click()
```

```
    Dim i As Integer, j As Integer, k As Integer, st As String
    Dim a(6) As Integer
    For i=100 To 999
        If _____ Then                              '调用并进行判断
            For j=1 To 6
                If a(j) Mod 6<>0 Then Exit For        '判断是否能被 6 整除
            Next j
            If _____ Then                          '判断是否满足条件
                st=st & Str(i)                        '累加满足条件的数
                k=k+1
                If k Mod 3=0 Then st=st & vbCrLf       '以每行 3 个输出满足条件的数
            End If
        End If
    Next i
    Text1=st
End Sub
Private Function fenjie (a() As Integer, s As String) As Boolean
    Dim n As Integer, i As Integer, j As Integer
    If InStr(s, "0")<>0 Then                          '判断是否含有 0
                                                      '含有 0,则退出函数过程
        _____
    End If
    For i=1 To 3
        For j=1 To 2
            n=n+1
            _____                                  '分解的元素存入数组
            s=Left(s, 1) & Right(s, 1) & Mid(s, 2, 1) '分解元素
        Next j
        s=Right(s, 1) & Left(s, 2)
    Next i
    fenjie=True                                       '函数名赋值
End Function
```

图 1.80 查找满足条件的数

程序的运行结果如图 1.80 所示。

12.5 改错程序

【实验 12.4】 本程序的功能是:将以逗号分隔的 3 个 0～255 间的十进制数分别转换为 8 位二进制数,再拼接成一个 24 位的二进制数表示。十进制数以 # 结尾。

注意:改错时不能删除语句,也不能增加语句,但可以移动语句位置。

【分析】 循环处理字符串中的字符,每次取出一个,若是数字,则将其以字符形式累加;若不是数字,将累加变量的当前值存入数组,然后清空累加变量,再取下一个字符,直到将字符串中的全部字符处理完毕。十进制数转换为二进制数采用除 2 取余法,依次进

行求余运算，将余数累加，直到商是 0 为止。

【含有错误的程序代码】

```
Option Explicit
Private Sub Command1_Click()
    Dim st As String, color(3) As Integer, i As Integer
    Dim p As String * 1, q As String, k As Integer
    st=Text1
    i=1
    Do
        p=Mid(st, i, 1)                          '取出一个字符
        If p<>"," And p<>"#" Then                '判断是否是数字
            q=q & p                              '累加数字
        Else
            k=k+1
            color(k)=q                           '将一个数字存入数组
        End If
        q=""                                     '清空累加变量
        i=i+1
    Loop Until i>Len(st)                          '条件成立时,数字已取出
    For i=1 To 3
        Text2=Text2 & d2b(color)                 '调用并输出
    Next i
End Sub
Private Function d2b(d As Integer) As String
    Do
        d2b=d Mod 2 & d2b            '求余数并累加
        d=d\2
    Loop While d<0
    d2b=Right("0000000" & d2b, 8)    '转换为 8 位
End Function
```

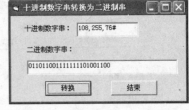

图 1.81　十进制串转换为二进制串

程序正确的运行结果如图 1.81 所示。

12.6　自己练习

（1）编写一个程序，查找四位的整数 n，它的 9 倍正好等于 n 的逆序数。要求生成逆序数用函数过程实现，输出到文本框中。程序运行参考界面如图 1.82 所示。

（2）设计一个程序，找出 1～100 之间的所有孪生素数。所谓孪生素数就是若两个素数之差为 2，则这两个素数就是一对孪生素数。判断是否为素数通过函数过程实现。程序运行参考界面如图 1.83 所示。

图 1.82　查找满足条件的数

图 1.83　查找孪生素数

实验 13　程 序 调 试

13.1　实验目的

(1) 掌握各种"调试"窗口的使用方法。
(2) 掌握程序调试的常用方法。

13.2　示例程序

【实验 13.1】　本程序的功能是：将一个正整数序列重新排列。排列规则是：奇数排在序列左边，偶数排在序列右边，排列时，奇、偶数依次从序列两端向序列中间排放。

【要求】
(1) 新建工程，输入代码，改正程序中的错误。
(2) 改错时，不得增加或删除语句。

【含有错误的程序代码】

```
Private Sub Form_Click()
    Dim a(10) As Integer, i As Integer, j As Integer
    Dim b(10) As Integer, k As Integer
    For i=1 To 10
        a(i)=Int(Rnd * 100)+1                    '产生随机数
        Debug.Print a(i);                        '输出到立即窗口
    Next i
    Debug.Print
    j=1: k=5
    For i=1 To 10
        If a(i) Mod 2=0 Then                     '判断是否为偶数
            b(j)=a(i)
            j=j+1
        Else
            b(k)=a(i)
            k=k+1
```

```
        End If
    Next i
    For i=1 To 10
        Debug.Print b(i);                              '输出结果
    Next i
End Sub
```

调试过程如下。

1. 分析程序结构

程序在声明部分声明了两个数组,显然数组 a 用于存放原序列,数组 b 用于存放新生成的序列。程序中采用了 3 个 For 循环,第一个 For 循环的功能是利用随机函数生成 10 个随机数,存放到 a 数组,作为原序列;第二个 For 循环的功能是对原序列重新排列;第三个 For 循环的功能是输出排列后的新序列。

2. 运行程序,观察初步执行结果

由于程序的输出采用 Debug.Print 的形式,所以输出结果是在"立即"窗口中,如图 1.84 所示。图 1.84 的"立即"窗口中的第一行是第一个 For 循环产生的序列,第二行是第三个 For 循环输出的新序列。由此两行输出结果可以推断出:第一个 For 循环和第三个 For 循环的功能是正确的。第二行输出结果中,偶数出现在左边,奇数在右边,并且最后一个元素是 0,这些都是不正确的,所以错误应在第二个 For 循环中。

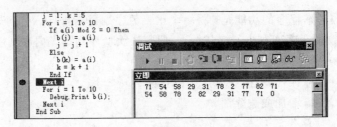

图 1.84   程序初步执行结果及设置断点

3. 在程序中设置断点

在 Next i 处设置断点,如图 1.84 所示。

4. 运行程序

运行程序,当程序在执行到断点时停止,此时循环只执行了一次,打开"本地"窗口,如图 1.85 所示。

观察图中数组元素及各变量的当前值。发现数组元素 $a(1)$ 的值 71 是奇数,而这时它出现在数组元素 $b(5)$ 的位置上,变量 k 的值也由它的初值 5 改变为 6。说明程序是将奇数放到从第 5 个元素开始的位置上,按照题意,应放到由数组元素 $b(1)$ 开始的位置上。结合变量 j 的值为 1,将 For 循环中条件语句的"="改为"<>"。修改后,重新运行程序,打开"本地"窗口,可以看到 $a(1)$ 的值 71 已经放到 $b(1)$ 的位置上,并且变量 j 的值变为 2。

继续运行程序(也可以单步执行),观察"本地"窗口,如图 1.86 所示。可以看到 $a(2)$ 的值 54,它是偶数却出现在 $b(5)$ 的位置上,并且变量 k 的值变为 6。按照题意,$a(2)$ 的值 54 应

放到 $b(10)$ 的位置上。那么要达到这个目的，需要修改变量 k 的初值，将其初值由 5 改为 10，同时，将变量 k 的计数语句 $k＝k+1$ 改为 $k＝k-1$。到此为止，程序的错误已经修改完毕。取消断点，重新运行程序，"本地"窗口如图 1.87 所示，"立即"窗口如图 1.88 所示。

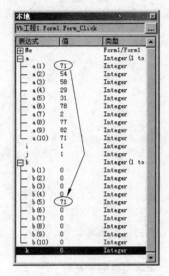

图 1.85 "本地"窗口

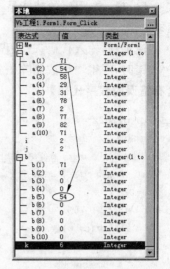

图 1.86 程序运行中的"本地"窗口

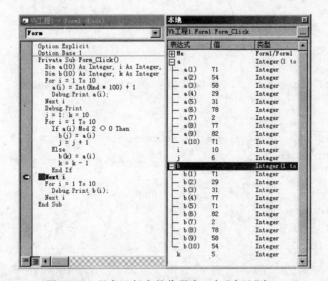

图 1.87 程序运行中的代码窗口与"本地"窗口

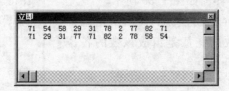

图 1.88 调试后的"立即"窗口

13.3 自己练习

【实验 13.2】 本程序的功能是：求出给定范围内每个整数的各位数字的平方和。

【要求】

(1) 新建工程，输入代码，改正程序中的错误。

(2) 改错时，不得增加或删除语句。

【含有错误的程序代码】

```
Option Explicit
Private Sub Command1_Click()
    Dim n As Integer, p() As Integer, sum As Long
    Dim i As Integer, q As String
    sum=0
    For n=345 To 789
        Call dv(n, p)                              '调用过程分离数字
        For i=1 To UBound(p)
            sum=sum+p(i)^2                         '求各位数的平方和
        Next i
        q=""
        For i=UBound(p) To 1 Step-1
            q=q & p(i) & "^2+"
        Next i
        List1.AddItem n & ": " & Left(q, Len(q)-1) & "=" & sum        '输出结果
    Next n
End Sub
Private Sub dv(n As Integer, p() As Integer)
    Dim k As Integer
    Do
        k=k+1
        ReDim Preserve p(k)
        p(k)=n Mod 10                              '分离出的数字存放到数组中
        n=n/10
    Loop Until n=0
End Sub
```

程序正确运行的参考界面如图 1.89 所示。

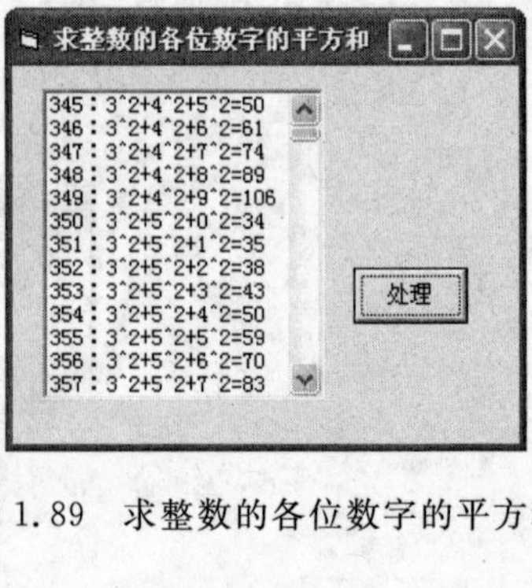

【实验 13.3】 本程序的功能是：找出给定范围内的五位凹数。五位凹数的特征是组成该数的各位数字依次为 abcba，且 a>b、b>c。

【要求】

(1) 新建工程，输入代码，改正程序中的错误。

(2) 改错时，不得增加或删除语句。

图 1.89 求整数的各位数字的平方和

【含有错误的程序代码】

```
Option Explicit
Private Sub Command1_Click()
    Dim n As Long, k As Integer
    For n=10000 To 50000
        If validate(n) Then                          '调用函数
            Text1=Text1 & n & vbCrLf                 '在文本框中输出并换行
            k=k+1
        End If
    Next n
    If k=0 Then Text1="无此类数据"
End Sub
Private Function validate(n As Long) As Boolean
    Dim num(5) As Integer, i As Integer, sum As Integer
    For i=5 To 1 Step-1
        num(i)=n Mod 10                              '分离出的数字存放到数组中
        n=n/10
    Next i
    For i=1 To 2
        If num(i+1)>=num(i) Then Exit Function       '判断是否满足条件
    Next i
    For i=1 To 2
        If num(i)<>num(5-i+1) Then Exit For
    Next i
    validate=True                    '是凹数
End Function
```

图 1.90　找凹数

程序正确运行的参考界面如图 1.90 所示。

【实验 13.4】　本程序的功能是：查找三位和四位的 Armstrong 数。若一个 n 位的正整数，其各位数字的 n 次方之和等于这个数本身，则这个数就是一个 Armstrong 数。

如：$153=1^3+5^3+3^3$，$1634=1^4+6^4+3^4+4^4$。

【要求】

（1）新建工程，输入代码，改正程序中的错误。

（2）改错时，不得增加或删除语句。

【含有错误的程序代码】

```
Option Explicit
Option Base 1
Private Sub Command1_Click()
    Dim i As Integer, a() As Integer, f As Boolean, n As Integer
    Dim j As Integer, st As String
    st=""
```

```
    For i=153 To 9999
        f=False
        Call Arms(i, f, a, n)                        '调用过程
        If f Then
            st=st & i & "="
            For j=1 To UBound(a)-1
                st=st & A(j) & "^" & n & "+"         '累加输出的内容
            Next j
        st=st & A(j) & "^" & n
        List1.AddItem st                             '在列表框中输出
    End If
    Next i
End Sub
Private Sub Arms(k As Integer, f As Boolean, b() As Integer, n As Integer)
    Dim i As Integer, Sum As Integer, m As Integer
    n=Len(Str(k))
    m=k
    ReDim b(n)                '重定义数组
    For i=n To 1 Step-1
        b(i)=k Mod 10         '分离出的数字存放到数组中
        k=k\10                'k缩小倍数
    Next i
    For i=1 To n
        Sum=Sum+b(i)^n        '计算各位数字的n次方之和
    Next I
    If Sum=m Then f=True      '条件成立则是要找的数
End Sub
```

图 1.91　查找 Armstrong 数

程序正确运行的参考界面如图 1.91 所示。

实验 14　文 件 操 作

14.1　实验目的

（1）掌握顺序文件的使用方法。
（2）掌握随机文件的使用方法。
（3）掌握二进制文件的使用方法。

14.2　示例程序

【实验 14.1】　编写一个学生成绩处理程序。在文本框中分别输入学生计算机程序

设计课程的相关数据后,单击"录入"命令按钮,将 3 个文本框的内容写入文件中,同时清除文本框的内容;单击"结束"命令按钮时,程序结束;单击"读取数据"命令按钮时,将数据从文件中读到列表框中。

【分析】 为实现多次向文件中写入数据,打开文件应使用 Append 方式,为了便于后续程序对文件中的数据进行处理,写数据时采用 Write 写入。

【操作步骤】

1. 新建一个应用程序

启动 VB,创建一个标准 EXE 类型的应用程序。

2. 设计应用程序界面

(1) 在窗体设计器中,向窗体 Form1 添加 4 个标签、3 个文本框和两个命令按钮。

(2) 适当调整各控件的位置。

3. 设置对象的属性

按表 1-13 所示设置各对象的属性。

表 1-13　窗体及各对象的属性设置

对象	属性名	属性值	对象	属性名	属性值
Form1	Caption	学生计算机程序设计成绩	Text1	Text	
Label1	Caption	请输入学生的成绩:	Text2	Text	
Label2	Caption	学号:	Text3	Text	
Label3	Caption	姓名:	Command1	Caption	录入
Label4	Caption	成绩:	Command2	Caption	结束

4. 程序代码

```
Private Sub Form_Load()
    If Dir("d:\xscj\", vbNormal+vbDirectory)="" Then      '判断目录是否存在
        MkDir "d:\xscj"                                    '若不存在,则建立
    End If
    Open "d:\xscj\computer.txt" For Append As #1           '以追加方式打开
End Sub
Private Sub Command1_Click()                               '"录入"按钮
    Dim number As String * 3, name As String * 6, score As Single
    number=Text1.Text
    name=Text2.Text
    score=Val(Text3.Text)
    Write #1, number, name, score                          '将学生学号、姓名、成绩写入文件
    Text1.Text=""
    Text2.Text=""
    Text3.Text=""
    Text1.SetFocus
End Sub
Private Sub Command2_Click()
    Close #1                                                '关闭文件
```

```
    End
End Sub
```

5. 保存工程

将窗体以 F1. frm 为文件名,工程以 P1. vbp 为文件
名,保存到 D:\实验 14\文件夹中。

6. 执行并调试程序

单击工具栏中的 ▶ 按钮(或按 F5 键),执行当前程
序,如图 1.92 所示。如果有错误,或没有达到设计目的,
则打开代码编辑窗口进行修改,直至达到设计要求。

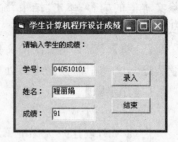

图 1.92　录入学生成绩

14.3　阅读程序

【实验 14.2】　编写程序,读出实验 14.1 所建立的学生成绩文件中的数据,要求按成
绩降序排列,输出到文本框中。

【分析】　读文件数据时,采用 Input 方式打开文件,为防止读文件时已无数据可读,
循环语句中应使用 EOF 函数判断文件指针是否已到结尾。降序排序时,为保证数据的一
致性,交换学生成绩的同时要交换学生的学号与姓名。

【程序代码】

```
Option Base 1
Private Sub Form_Load()
    If Dir("d:\xscj\", vbNormal+vbDirectory)="" Then        '注 1:
        MsgBox "对不起!所要打开的文件不存在", , "打开文件错误"
    Else
        Open "d:\xscj\computer.txt" For Input As #1          '注 2:
    End If
End Sub
Private Sub Command1_Click()
    Dim data(8, 3) As String, i As Integer, j As Integer, s As String
    i=1
    Do While Not EOF(1)                                      '注 3:
        Input #1, data(i, 1), data(i, 2), data(i, 3)        '注 4:
        i=i+1
    Loop
    For i=1 To 7
        For j=i+1 To 8
            If data(i, 3)<data(j, 3) Then
                t=data(i, 1): data(i, 1)=data(j, 1): data(j, 1)=t    '注 5:
                t=data(i, 2): data(i, 2)=data(j, 2): data(j, 2)=t    '注 6:
                t=data(i, 3): data(i, 3)=data(j, 3): data(j, 3)=t    '注 7:
            End If
```

```
        Next j
    Next i
    Text1="名次" & Space(4) & "学号" & Space(6) & "姓名" & Space(4) & "成绩" & vbCrLf
    For i=1 To 8
        s=Str(i)+Space(4)+data(i, 1)+Space(2)+data(i, 2)+Space(2)+data(i, 3)
        Text1=Text1+s+vbCrLf
    Next i
End Sub
Private Sub Command2_Click()
    Close #1                    '注8:
    End
End Sub
```

程序运行结果如图 1.93 所示。

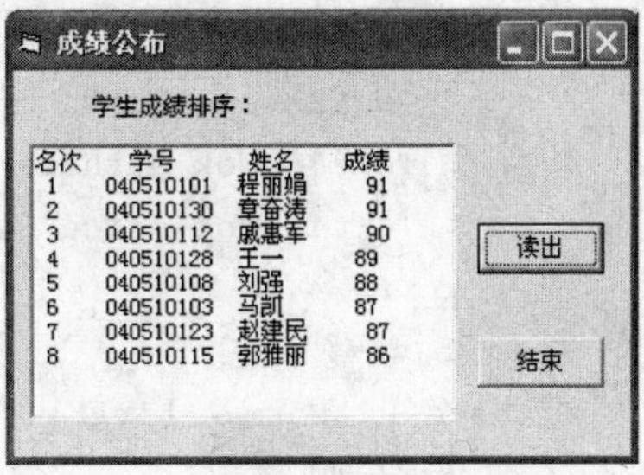

图 1.93　学生成绩公布

14.4　完善程序

【实验 14.3】　本程序建立一个随机文件 tsxx.txt，完成图书信息的浏览和添加功能。内容包括编号、书名、作者和单价，在文本框中输入图书数据，单击"保存"按钮时，将文本框的数据写入文件；单击"上一条"或"下一条"按钮时，可以移动记录进行浏览；程序运行时，将文件打开，并显示第一条记录的内容；如果文件为空，则在信息框中说明并要求输入数据。单击"结束"按钮时，程序结束。

【分析】　使用随机文件时，首先要建立一个记录结构类型，将其中的字符串类型声明为定长类型，然后声明一个记录类型变量。程序中使用 LOF(1)/Len(book) 可以求出当前记录总数。

【程序代码】

```
Type books                          '声明记录类型
    number As String * 4            '图书编号
    bookname As String * 26         '书名
    author As String * 6            '作者
    price As Single                 '书的单价
End Type
Private Sub Form_Load()
    Dim i As Integer
    filenum=FreeFile()
    Open "d:\tsxx.dat" For Random As #filenum Len=Len(book)    '打开文件
    last=_____                   '得到记录总数
    If last=0 Then
        Text1=""
        Text2=""
        Text3=""
        Text4=""
```

```
            current=0
            MsgBox "文件中没有记录,请添加数据", vbInformation, "提示"
        Else
            current=1
            Get #filenum, current, book
            Text1=book.number
            Text2=book.bookname
            Text3=book.author
            Text4=book.price
        End If
    End Sub
    Private Sub Form_Activate()
        Label5=""
        Text5=current
    End Sub
    Private Sub Command1_Click()
        Dim i As Integer
        If current>1 Then
            current=current-1
            Text5=current
            _____                        '读出一条记录
            Text1=book.number
            Text2=book.bookname
            Text3=book.author
            Text4=book.price
        Else
            MsgBox "已经是第一条记录,不能上移!", vbInformation, "提示"
        End If
    End Sub
    Private Sub Command2_Click()
        Dim i As Integer
        If current<last Then
            current=current+1
            Text5=""
            Text5=current
            Get #filenum, current, book
            Text1=book.number
            Text2=book.bookname
            Text3=book.author
            Text4=book.price
        Else
            MsgBox "已经是最后一条记录,不能下移!", vbInformation, "提示"
        End If
    End Sub
```

```
Private Sub Command3_Click()
    Text1=""
    Text2=""
    Text3=""
    Text4=""
    Text1.SetFocus
End Sub
Private Sub Command4_Click()
    book.number=Text1
    book.bookname=Text2
    book.author=Text3
    book.price=Text4
    last=last+1
    current=last
    _____             '当前记录写入文件
    Text5=current
End Sub
Private Sub Command5_Click()
    Close #filenum
    End
End Sub
```

程序运行结果如图 1.94 所示。

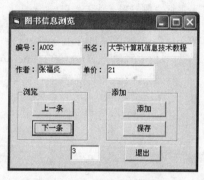

图 1.94　图书信息浏览

14.5　改错程序

【实验 14.4】　本程序是使用文件系统控件,创建一个简单的文本编辑器。其功能是可以通过文件系统控件选择文件的路径,也可以直接输入文件的路径;可以读取所选择的已存在的文件,也可以将文本框中的内容以文件形式保存到磁盘上。

注意:改错时不能删除语句,也不能增加语句,但可以移动语句位置。

【分析】　文件系统控件使用时要注意其同步性,即驱动器改变时,目录应随之改变;目录改变时,文件应随之改变。读文本文件时,一般采用 Line Input 方式,一次读取一行,输出到文本框中时,要添加回车换行符 vbCrLf。

【含有错误的程序代码】

```
Private Sub Form_Load()
    File1.Pattern="*.txt"               '程序运行时,文件控件中显示文本文件
End Sub
Private Sub Drive1_Change()
    File1.Path=Dir1.Path                '目录与驱动器同步
End Sub
Private Sub Dir1_Change()
    Dir1.Path=Drive1.Drive              '文件与目录同步
    Text1=Dir1.Path
```

```
End Sub
Private Sub File1_Click()
    If Right(Dir1.Path, 1)="\" Then          '得到正确的文件路径
        Text1=File1.Path & File1.FileName
    Else
        Text1=Dir1.Path & "\" & File1.FileName
    End If
End Sub
Private Sub Combo1_Click()
    Dim s As String
    s=Combo1.List(Combo1.ListIndex)
    File1.Pattern=s                          '取得当前文件类型
End Sub
Private Sub Command1_Click()
    Dim s As String, strline As String
    If Text1<>"" Then
        Text2=""
        Open Text1 For Output As #1           '读文件
        s=""
        Do Until EOF(1)
            Line Input #1, strline
            s=s & strline & vbCrLf
        Loop
        Close #1
        Text2=s
    End If
End Sub
Private Sub Command2_Click()
    If Text1<>"" Then
        Open Text1 For Input As #1           '写文件
        Print #1, Text2
        Close #1
    End If
End Sub
```

程序正确运行的界面如图 1.95 所示。

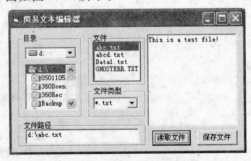

图 1.95　简易文本编辑器

14.6　自己练习

（1）输入学生姓名，建立一个"学生名单.txt"顺序文件，然后读出学生名单并显示在列表框中。在文本框中输入一个学生的姓氏或完整姓名，单击"查找"按钮，若找到则将所有相符的姓名显示到文本框中；若未找到，则在文本框中显示"没有找到"。

提示：声明一个动态数组，由文件中读出学生姓名时，存放到数组中，在查找时可以判断数组元素的左边若干个字符与要查找字符的长度相同即可。图 1.96 是程序运行参考界面。

（2）完成教材第 9 章编程及上机调试题的 1、2 题。

图 1.96　查找相符的姓名

实验 15　界 面 设 计

15.1　实验目的

（1）掌握菜单编辑器的使用方法。
（2）掌握弹出菜单的设计方法。
（3）掌握工具栏的设计方法。
（4）掌握状态栏的设计方法。
（5）掌握通用对话框的使用方法。

15.2　示例程序

【实验 15.1】　菜单程序设计。要求在菜单中包含字体、颜色、属性和退出 4 个子菜单。在窗体上放置一个文本框和一个通用对话框，按下列要求设计各子菜单项并编写实现相应功能的代码。

（1）"字体"菜单下包含宋体、黑体、幼圆和隶书 4 个子菜单项，要求将子菜单项设计成一个控件数组，单击某一子菜单项将文本框中的内容设置成相应字体。

（2）"颜色"菜单下包含文字颜色和背景颜色两个子菜单项，单击"文字颜色"子菜单项后，利用通用对话框控件打开一个颜色对话框，用于设置文本框中的文字颜色；单击"背景颜色"子菜单项后，利用通用对话框控件打开一个颜色对话框，用于设置文本框的背景颜色。

（3）"属性"菜单下包含只读和显示/隐藏两个子菜单项，单击"只读"子菜单项，将在该项前面打上"√"或取消"√"，用于控制文本框是否为只读；单击"显示/隐藏"子菜单项后，将文本框隐藏，同时该项标题变为"显示"，再单击"显示/隐藏"子菜单项将文本框设置为可见，同时该项标题变为"隐藏"。

【分析】 将子菜单项设计成一个控件数组与建立普通控件数组一样,只要将其名称声明为相同即可。实现文本框的显示与隐藏,需要判断文本框当前的状态,若当前处于显示状态,则将其隐藏,反之将其显示。

【操作步骤】

1. 新建一个应用程序

启动 VB,创建一个标准 EXE 类型的应用程序。

2. 设置菜单对象的属性

菜单的属性设置如表 1-14 所示。

表 1-14　菜单的属性设置

标　　题	名　　称	快捷键或值
字体(&F)	mnuFont	
....宋体	mnuFontZCD	Ctrl+S
	Index	0
....黑体	mnuFontZCD	Ctrl+H
	Index	1
....幼圆	mnuFontZCD	Ctrl+Y
	Index	2
....隶书	mnuFontZCD	Ctrl+L
	Index	3
颜色(&C)	mnuColor	
....文字颜色	mnuColorFore	Ctrl+F
....背景颜色	mnuColorBack	Ctrl+B
属性(&P)	mnuProperty	
....只读	mnuPropertyReadonly	Ctrl+R
....显示/隐藏	mnuPropertyShowhide	Ctrl+W
退出(&X)	mnuExit	

3. 设计菜单

(1) 打开"菜单编辑器"窗口。

(2) 在"标题"栏中输入"字体(& F)",此时在菜单项显示区中出现同样的标题名称。

(3) 按 Tab 键(或用鼠标)把输入光标移到"名称"栏。

(4) 在"名称"栏中输入 mnuFont,此时菜单项显示区没有变化。

(5) 单击编辑区中的"下一个"按钮,菜单项显示区中的条形光标下移,同时数据区的"标题"栏及"名称"栏内容被清空,光标回到"标题"栏。

(6) 在"标题"栏中输入"宋体",该信息同时在菜单项显示区中显示出来。

(7) 按 Tab 键(或用鼠标)把输入光标移到"名称"栏,输入"mnuFontZCD",菜单项显示区没有变化。

（8）按 Tab 键（或用鼠标）把输入光标移到"索引"栏,输入 0,作为控件数组的第一个元素。

（9）单击编辑区的右箭头（→）,菜单项显示区中的"宋体"右移,同时其左侧出现一个缩进符号（....）,表明"宋体"是"字体"的下一级菜单。

（10）单击"快捷键"右端的箭头,显示出各种复合键供选择。从中选出"Ctrl＋S"作为"宋体"菜单项的快捷键,此时,在该菜单项右侧出现"Ctrl＋S"。

（11）单击编辑区的"下一个"按钮,菜单项显示区中的条形光标下移,左端自动出现缩进符号"...."。

（12）在"标题"栏内输入"黑体",然后在"名称"栏内输入 mnuFontZCD 作为菜单项（控件）名称。在"索引"栏,输入 1,作为控件数组的第二个元素。

（13）单击"快捷键"栏右端的箭头,从中选出"Ctrl＋H"作为"黑体"菜单项的快捷键。

（14）单击编辑区的"下一个"按钮,菜单项显示区中的条形光标下移,左端自动出现缩进符号"...."。

（15）在"标题"栏内输入"幼圆",然后在"名称"栏内输入 mnuFontZCD 作为菜单项名称。在"索引"栏,输入 2,作为控件数组的第三个元素。

（16）单击"快捷键"栏右端的箭头,从中选出"Ctrl＋Y"作为"幼圆"菜单项的快捷键。

（17）单击编辑区的"下一个"按钮,菜单项显示区中的条形光标下移,左端自动出现缩进符号"...."。

（18）在"标题"栏内输入"隶书",然后在"名称"栏内输入 mnuFontZCD 作为菜单项名称。在"索引"栏,输入 3,作为控件数组的第四个元素。

（19）单击编辑区的"下一个"按钮,菜单项显示区中的条形光标下移,并带有缩进符号"...."。由于下一步要建立的是主菜单项"颜色",因此应消除缩进符号。单击编辑区的左箭头"←",缩进符号"...."消失,单击"标题"栏后的文本框,即可建立主菜单项。

建立主菜单"颜色（&C）"和其下的子菜单、主菜单"属性（&P）"和其下的子菜单以及建立主菜单"退出"的操作与前面各步骤类似,不再重复。

4. 程序代码

```
Private Sub Form_Load()
    mnuPropertyReadonly.Checked=False          '设置只读子菜单的初始状态
End Sub
Private Sub mnuColorBack_Click()
    CommonDialog1.ShowColor
    Text1.BackColor=CommonDialog1.Color        '设置文本框的背景色
End Sub
Private Sub mnuColorFore_Click()
    CommonDialog1.ShowColor
    Text1.ForeColor=CommonDialog1.Color        '设置文本框的前景色
End Sub
Private Sub mnuFontZCD_Click(Index As Integer) '设置文本框的字体
```

```
        Select Case Index
            Case 0
                Text1.FontName="宋体"
            Case 1
                Text1.FontName="黑体"
            Case 2
                Text1.FontName="幼圆"
            Case 3
                Text1.FontName="隶书"
        End Select
    End Sub
    Private Sub mnuPropertyReadonly_Click()              '设置文本框的只读状态
        Text1.Locked=Not Text1.Locked
        mnuPropertyReadonly.Checked=Not mnuPropertyReadonly.Checked
    End Sub
    Private Sub mnuPropertyShowhide_Click()              '设置文本框的显示状态
        If Text1.Visible Then
            Text1.Visible=False
            mnuPropertyShowhide.Caption="显示"
        Else
            Text1.Visible=True
            mnuPropertyShowhide.Caption="隐藏"
        End If
    End Sub
    Private Sub mnuExit_Click()                          '结束程序
        End
    End Sub
```

5. 保存工程

将窗体以 F1. frm 为文件名,工程以 P1. vbp 为
文件名,保存到 D:\实验 15\文件夹中。

6. 执行并调试程序

单击工具栏中的 ▶ 按钮(或按 F5 键),执行当前
程序,如图 1.97 所示。如果有错误,或没有达到设计
目的,则打开代码编辑窗口进行修改,直至达到设计
要求。

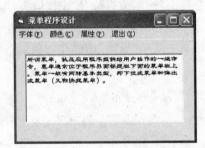

图 1.97　菜单程序设计

15.3　阅读程序

【实验 15.2】　在实验 15.1 的基础上增加弹出式菜单。要求在窗体上单击时,弹出
字型菜单,包含粗体、斜体及下划线子菜单项。

【分析】　弹出式菜单的设计与下拉式菜单基本是一样的,不同的是在菜单编辑

器中输入菜单项以后,将其"可见"属性去掉。程序代码中需要捕捉鼠标的右键是否按过,如果按鼠标的右键,则用 PopupMenu 语句弹出菜单。菜单项的属性设置如表 1-15 所示。

表 1-15 弹出式菜单的菜单项

标 题	名 称	快捷键
字型(&Y)	mnuFontStyle	
....粗体	mnuFontStyleBold	
....斜体	mnuFontStyleItalic	
....下划线	mnuFontStyleUnderline	

【程序代码】

在实验 15.1 代码的基础上,增加如下代码:

```
Private Sub Form_MouseDown(Button As Integer, Shift As Integer, X As Single, Y As Single)
    If Button=2 Then
        PopupMenu mnuFontStyle            '注1:
    End If
End Sub
Private Sub mnuFontStyleBold_Click()
    Text1.FontBold=Not Text1.FontBold    '注2:
End Sub
Private Sub mnuFontStyleItalic_Click()
    Text1.FontItalic=Not Text1.FontItalic    '注3:
End Sub
Private Sub mnuFongStyleUnderline_Click()
    Text1.FontUnderline=Not Text1.FontUnderline
                                          '注4:
End Sub
```

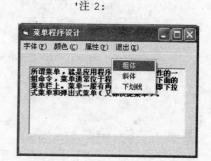

图 1.98　弹出式菜单设计

设置弹出式菜单后的运行结果如图 1.98 所示。

15.4　完善程序

【实验 15.3】　在实验 15.2 的基础上增加工具栏。

【分析】　增加工具栏需要用到 ImageList 与 ToolBar 控件,打开"部件"对话框,选择 Microsoft Windows Common Controls 6.0 将控件添加到工具箱中,然后将 ToolBar 控件与 ImageList 控件放置到窗体上。使用 ImageList 控件存放工具栏需要用到的图标,在 ToolBar 控件的属性页中将 ToolBar 控件与 ImageList 控件关联,创建 Button 对象,编写 Button 的 Click 事件。

ToolBar 控件上按钮的属性如表 1-16 所示。

表 1-16　ToolBar 控件上按钮的属性

索引 Index	关键字 Key	工具提示文本 ToolTipText	图像 Image	索引 Index	关键字 Key	工具提示文本 ToolTipText	图像 Image
1	TST	宋体	1	5	TForeColor	前景色	5
2	THT	黑体	2	6	TBackColor	背景色	6
3	TYY	幼圆	3	7	TReadOnly	只读	7
4	TLS	隶书	4	8	TShowHide	显示/隐藏	8

【程序代码】

在实验 15.2 代码的基础上,增加如下代码:

```
Private Sub Toolbar1_ButtonClick(ByVal Button As MSComctlLib.Button)
    Select Case Button.Index
        Case 1
            Text1.FontName="宋体"
        Case 2
            Text1.FontName="黑体"
        Case 3
            _____
        Case 4
            Text1.FontName="隶书"
        Case 5
            _____
            Text1.ForeColor=CommonDialog1.Color
        Case 6
            CommonDialog1.ShowColor
        Case 7
            Text1.Locked=Not Text1.Locked
            mnuPropertyReadonly.Checked=Not mnuPropertyReadonly.Checked
        Case 8
            If Text1.Visible Then
                Text1.Visible=False
                mnuPropertyShowhide.Caption="显示"
            Else
                Text1.Visible=True
                mnuPropertyShowhide.Caption="隐藏"
            End If
    End Select
End Sub
```

程序运行的界面如图 1.99 所示。

图 1.99　工具栏程序设计

15.5 改错程序

【实验 15.4】 通过菜单实现对文本框的输入及文本的格式化,具体的菜单项的设置如表 1-17 所示。

表 1-17 菜单项的设置

标　题	名　称	标　题	名　称
输入内容	mnuInput	格式设置	mnuForm
....输入	mnuInputIn	....字体	mnuFormFont
....退出	mnuInputExit	....字型	mnuFormStyle
显示内容	mnuShow	....大小	mnuFormSize
....显示	mnuShowDisplay	....颜色	mnuFormColor
....清除	mnuShowClear		

具体要求如下。

(1) 输入子菜单显示一个输入对话框,输入内容。

(2) 显示子菜单将输入的内容显示在文本框中。

(3) 清除子菜单将文本框中的内容清除。

(4) 字体子菜单用于设置文本框中的字体。

(5) 字型子菜单用于设置文本框中的字型。

(6) 大小子菜单用于设置文本框中字体的大小。

(7) 颜色子菜单用于设置文本框中文字的颜色。

【分析】 文本框的格式设置通过通用对话框实现。使用通用对话框进行字体设置时,需要设置通用对话框的 Flags 属性值,否则会显示没有安装字体。

【含有错误的程序代码】

```
Dim msg As String
Private Sub mnuInputIn_Click()
    msg=InputBox("输入内容")
End Sub
Private Sub mnuInputExit_Click()
    End
End Sub
Private Sub mnuShowDisplay_Click()
    Text1=Text1 & msg
End Sub
Private Sub mnuShowClear_Click()
    Text1=""
End Sub
Private Sub mnuFormFont_Click()                        '设置字体
    CommonDialog1.Flags=1
    CommonDialog1.ShowFont
```

```
        Text1.Name=CommonDialog1.FontName
End Sub
Private Sub mnuFormStyle_Click()                    '设置字型
    CommonDialog1.Flags=2
    CommonDialog1.ShowFont
    Text1.FontBold=CommonDialog1.FontBold
    Text1.FontItalic=CommonDialog1.FontItalic
    Text1.FontStrikethru=CommonDialog1.FontStrikethru
    Text1.FontUnderline=CommonDialog1.FontUnderline
End Sub
Private Sub mnuFormSize_Click()                     '设置大小
    CommonDialog1.Flags=1
    CommonDialog1.ShowFont
    Text1.FontSize=CommonDialog1.FontSize
End Sub
Private Sub mnuFormColor_Click()      '设置颜色
    CommonDialog1.ShowColor
    Text1.Color=CommonDialog1.Color
End Sub
```

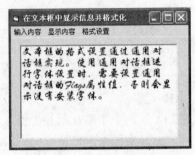

图 1.100　格式化文本框内容

程序正确运行界面如图 1.100 所示。

15.6　自己练习

(1) 为实验 15.1 添加一个具有 5 个窗格的状态栏,第一个窗格显示当前的日期,第二个窗格显示当前的时间,第三个窗格显示文本框是处于"只读"还是"读写"状态,第四个窗格显示当前键盘 Caps Lock 键的状态,第五个窗格显示一幅图片。

(2) 修改实验 15.4,将格式设置的 4 个子菜单项声明为一个控件数组,实现其相应功能,对修改前后进行比较。

实验 16　图 形 操 作

16.1　实验目的

(1) 掌握图形方法的使用方法。
(2) 掌握图形控件的使用方法。

16.2　示例程序

【实验 16.1】　编写程序,在图片框中绘制极坐标方程的图形。

【分析】　程序中声明一个函数过程,根据不同的单选按钮使用相应的极坐标方程,计算出(x,y)坐标，通过画点画出图形。

【操作步骤】

1. 新建一个应用程序

启动 VB，创建一个标准 EXE 类型的应用程序。

2. 设计应用程序界面

在窗体设计器中，向窗体 Form1 添加一个图片框控件 Picture1、一个框架控件 Frame1、4 个单选按钮控件组成的一个控件数组、两个命令按钮 Command1 和 Command2。

3. 设置对象的属性

按表 1-18 所示设置各对象的属性。

表 1-18 窗体及各对象的属性设置

对 象	属性名	属 性 值	对 象	属性名	属 性 值
Form1	Caption	绘制极坐标方程图形		Caption	$\rho=1-40\sin4\theta$
Frame1	Caption	极坐标方程	Option3	Name	Option1
Timer1	Interval	100		Index	2
	Caption	$\rho=40\sin\theta+10\cos3\theta$		Caption	$\rho=10-40\sin6\theta\cos3\theta$
Option1	Name	Option1	Option4	Name	Option1
	Index	0		Index	3
	Caption	$\rho=40\sin5\theta$	Command1	Caption	绘图
Option2	Name	Option1	Command2	Caption	结束
	Index	1			

4. 程序代码

```
Dim n As Integer                                  '声明窗体变量
Function formula(theta As Single) As Single
    Select Case n                                 '根据 n 的值选择不同的方程
        Case 0
            formula=40 * Sin(theta)+Cos(3 * theta)
        Case 1
            formula=40 * Sin(5 * theta)
        Case 2
            formula=1-40 * Sin(4 * theta)
        Case 3
            formula=10-40 * Sin(6 * theta) * Cos(3 * theta)
    End Select
End Function
Private Sub Option1_Click(Index As Integer)
    n=Index                                       '取得单选按钮的索引值
```

```
End Sub
Private Sub Command1_Click()
    Dim x As Single, y As Single, i As Single, r As Single
    Dim m As Integer
    m=Picture1.DrawWidth
    Picture1.Cls
    Picture1.DrawWidth=1
    Picture1.Scale (-50,50)-(50,-50)          '自定义坐标系
    Picture1.Line (0,0)-(50,0)
    Picture1.DrawWidth=m
    For i=0 To 2*3.1415926 Step 0.001
        r=formula(i)
        x=r*Cos(i)
        y=r*Sin(i)
        Picture1.PSet (x,y)                   '画点
    Next i
End Sub
Private Sub Command2_Click()
    End
End Sub
```

5. 保存工程

将窗体以 F1.frm 为文件名,工程以 P1.vbp 为文件名,保存到 D:\实验16\文件夹中。

6. 执行并调试程序

单击工具栏中的 ▶ 按钮(或按 F5 键),执行当前程序,如图 1.101 所示。如果有错误,或没有达到设计目的,则打开代码编辑窗口进行修改,直至达到设计要求。

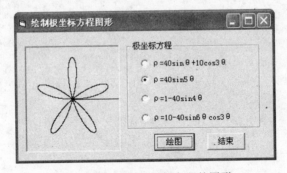

图 1.101 绘制极坐标方程的图形

16.3 阅读程序

【实验 16.2】 编写程序,在图片框中绘制 $y=\sin(x)/x$ 的图形,并能实现横向平移及图形的缩放。

【分析】 绘制图形的方法与实验16.1一样,计算出坐标(x, y),用画点的方法实现。横向平移及缩放图形是将x坐标表示成$a \times x + c$的形式,改变变量c的值实现平移,改变变量a的值实现缩放。

【程序代码】

```
Dim a As Single, c As Single
Private Sub Command1_Click()                        '绘出函数图形
    a=1
    Call huatu(a, c)
End Sub
Private Sub Command2_Click()                         '缩放图形
    c=0: a=InputBox("请输入缩放比例" & vbCrLf & "输入 1 则恢复原状", "缩放图形")
    Call huatu(a, c)
End Sub
Private Sub Command3_Click()                         '横向平移
    a=1: c=InputBox("请输入要平移的数" & vbCrLf & "输入 0 则恢复原状", "平移图形")
    Call huatu(a, c)
End Sub
Private Sub huatu(a As Single, c As Single)
    Dim i As Integer, x As Single, y As Single
    Picture1.Cls
    Picture1.Scale (-10, 1.2)-(10,-1.2)              '注 1:
    Picture1.Line (-1000, 0)-(1000, 0)              '注 2:
    Picture1.Line (0, 1.2)-(0,-1.2)                 '注 3:
    Picture1.CurrentX=0.5: Picture1.CurrentY=1.2
    Picture1.Print "y"
    For i=-990 To 990                               '注 4:
        Picture1.Line (i, 0)-(i, 0.05)
        Picture1.CurrentX=i-0.2: Picture1.CurrentY=-0.2
        Picture1.Print i
    Next i
    For i=-1 To 1                                   '注 5:
        If i<>0 Then
            Picture1.Line (0, i)-(0.2, i)
        End If
    Next i
    For x=-990 To 990 Step 0.01                     '注 6:
        y=Sin(x)/x
        Picture1.PSet (a * x+c, y)
    Next x
End Sub
Private Sub Command4_Click()
    End
End Sub
```

程序运行的界面如图1.102所示。

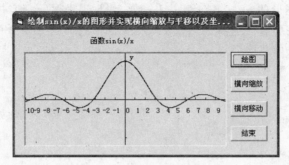

图 1.102　实现图形的缩放与平移

16.4　完善程序

【实验 16.3】　根据图 1.103 所示,完善程序代码。

【分析】　本程序是对 Circle 方法的综合运用,要注意格式中,当起点和终点都为正数时,会绘制出圆弧;当起点和终点都为负数时,会绘制出一个封闭的扇形。

【程序代码】

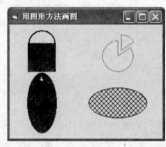

图 1.103　图形方法绘图

```
Private Sub Form_Click()
    Const pi=3.1415926              '定义常量 π
    DrawWidth=2                     '线宽设为 2
    Line (500, 500)-(1200, 1200),, BF    '画一个矩形
                                    '矩形上面画一个半圆
    _____
    DrawWidth=1                     '线宽设为 1
    Circle (3500, 800), 400, vbRed,-pi/2,-pi/6    '画一个楔形图

    FillStyle=0                     '以实心填充图形
    Circle (850, 2000), 770, , , , 2    '画一个实心的椭圆
                                    '以对角交叉线填充图形
    _____
    Circle (2850, 2000), 770, , , , 1/2    '画一个对角交叉线填充的椭圆
End Sub
```

16.5　改错程序

【实验 16.4】　本程序是绘制五颜六色的同心圆,并实现图形的保存。

【分析】　只要将圆的半径进行改变,即可绘制出同心圆;圆的颜色可以使用 RGB 函数配合随机数来实现。保存文件可以使用 SavePicture 语句。

【含有错误的程序代码】

```
Private Sub Command1_Click()
    Dim x As Single, y As Single, Limit As Single
```

```
        Dim Radius As Single
        Randomize
        ScaleMode=Pixels                        '设置度量单位为像素
        AutoRedraw=True                         '打开 AutoRedraw
        x=ScaleWidth/2                          '设置 x 的值
        y=ScaleHeight/2                         '设置 y 的值
        If x<y Then                             '圆的尺寸限制
            Limit=x
        Else
            Limit=y
        End If
        For Radius=0 To Limit Step 2            '设置半径
            Circle (x, y),   , RGB(Rnd * 255, Rnd * 255, Rnd * 255)
        Next Radius
End Sub
Private Sub Command2_Click()
        Dim Fname As String
        CommonDialog1.DefaultExt="bmp"
        CommonDialog1.Filter="位图文件|* .bmp"
        CommonDialog1.ShowSave
        Msg=CommonDialog1.Fname
        SavePicture Image, Msg
End Sub
Private Sub Command3_Click()
        End
End Sub
```

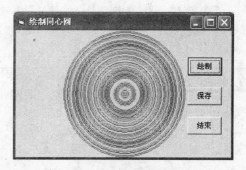

图 1.104　绘制同心圆

程序正确运行的界面如图 1.104 所示。

16.6　自己练习

（1）用 Circle 方法画一个圆球，如图 1.105 所示。

（2）用 Line 方法绘制随机射线，如图 1.106 所示。

（3）当单击窗体时，在窗体上随机画一些带颜色的点，实现满天星的效果，如图 1.107 所示。

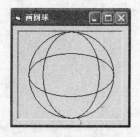

图 1.105　球体界面

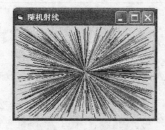

图 1.106　随机射线

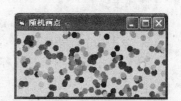

图 1.107　随机画点

实验 17 数据库应用程序设计

17.1 实验目的

(1) 掌握运用 Microsoft Access 创建数据库的方法。
(2) 掌握常用数据显示控件与 ADO 控件的绑定方法。
(3) 掌握 ADO 数据控件的使用方法。
(4) 掌握 RecordSet 对象的使用方法。
(5) 掌握绑定控件 DataGrid 的使用方法。

17.2 示例程序

【实验 17.1】 根据表 1-19、表 1-20 与表 1-21,使用 Microsoft Access 2003 应用程序创建数据库 xscj.mdb,并在其中建立 xs、kc 及 xk 表,并输入相关数据。

表 1-19 xs 表结构

字段名	类型	长度	说明	字段名	类型	长度	说明
学号	文本	9	主键	专业	文本	20	
姓名	文本	6		入学时间	日期		
性别	文本	2		联系电话	文本	11	
出生日期	日期			家庭住址	文本	20	

表 1-20 kc 表结构

字段名	类型	长度	说明	字段名	类型	长度	说明
课程号	文本	7	主键	学分	整型	3	
课程名	文本	12					

表 1-21 xk 表结构

字段名	类型	长度	说明	字段名	类型	长度	说明
学号	文本	9	主键	成绩	整型		
课程号	文本	7	主键				

【操作步骤】
启动 Microsoft Access 2003 应用程序的方法如下。
(1) 单击任务栏中的"开始"按钮。
(2) 在弹出的菜单上用鼠标指向"程序"菜单项。
(3) 选择 Microsoft Office 级联菜单的 Microsoft Access 2003 命令。

Microsoft Access 2003 启动后,显示如图 1.108 所示的启动窗口,此时选择"文件"菜单中的"新建"命令,系统会在启动界面右侧弹出如图 1.109 所示的"新建文件"窗格,单击"空数据库"链接,在弹出的"文件新建数据库"窗口中,选择数据库的保存位置,输入文件名 xscj,单击"创建"按钮,则出现如图 1.110 所示的创建数据表窗口。通常有 3 种创建数据表的方法,这里选择"使用设计器创建表"选项,双击"使用设计器创建表"选项则打开表结构输入窗口,输入表 1-19 所示的表结构,如图 1.111 所示。输入完毕将其保存为 xs表,依照同样的方法,输入表 1-20、表 1-21 所示的表结构,分别保存为 kc 及 xk 表。此时创建数据库窗口如图 1.112 所示。

分别双击每一个表名,给 3 个表输入记录,然后选择"工具"菜单中的"关系"命令,系统显示出 3 个表的关系图,如图 1.113 所示。

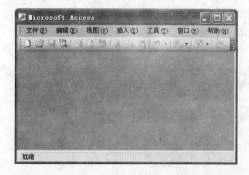

图 1.108 Microsoft Access 2003 启动后的界面

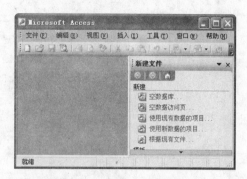

图 1.109 新建文件窗口界面

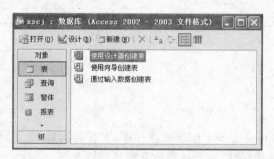

图 1.110 创建数据表窗口

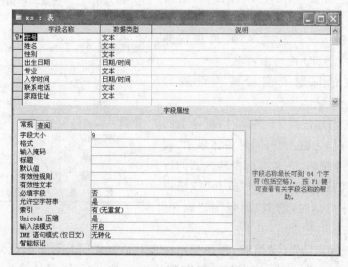

图 1.111 表结构输入界面

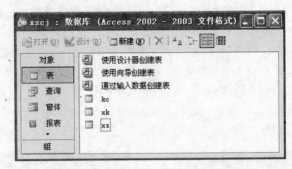

图 1.112　已建立表的数据库窗口

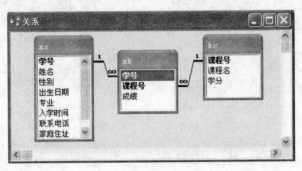

图 1.113　表间关系图

17.3　阅读程序

【**实验 17.2**】　编写一个学生信息管理程序,实现对实验 17.1 所建立的 xscj.mdb 数据库中的 xs 表进行增加、删除和浏览操作。具体要求如下。

①　在窗体上放置一个 ADO 控件,将其与 xscj.mdb 数据库中的 xs 表建立连接。文本框控件作为信息显示控件与 ADO 控件进行绑定。程序运行时,ADO 控件不可见。

②　菜单栏的标题及名称属性设置如表 1-22 所示。

③　当选择"增加记录"子菜单时,窗体上的文本框全部清空作为输入框,同时窗体显示"确定"和"放弃"命令按钮,在文本框中输入新的数据后单击"确定"按钮保存,单击"放弃"按钮则不予保存。程序启动时,隐藏"确定"和"放弃"命令按钮。

表 1-22　菜单栏的属性设置

标　　题	名　　称
数据操作	mnuOperate
....增加记录	mnuOperateAdd
....删除记录	mnuOperateDelete
....退出	mnuOperateExit
数据浏览	mnuPreview
....第一条	mnuPreviewFirst
....上一条	mnuPreviewPrevious
....下一条	mnuPreviewNext
....最后一条	mnuPreviewLast

④　选择"删除记录"子菜单时,程序显示一个对话框提问是否真的删除,单击"是"按钮,可以删除当前记录;单击"否"按钮,程序返回。

⑤ 选择"第一条"、"上一条"、"下一条"和"最后一条"子菜单时，可以改变当前记录。

⑥ 选择"退出"子菜单时结束程序运行。

【分析】

① 增加新记录使用 AddNew 方法，写入记录使用 Update 方法。

② 当一条记录输入完毕后，要将当前的输入写入到数据表中，只需要在"确定"按钮的 Click 事件中调用 Update 方法。若要放弃输入，可在"放弃"按钮的 Click 事件中调用 CancelUpdate 方法。

③ 删除当前记录使用 Delete 方法。当记录被删除后，窗体上显示的记录还是被删除的那一条记录，必须移动记录指针才能刷新窗体。

④ 移动记录指针可调用 MoveFirst、MoveLast、MoveNext 和 MovePrevious 方法。移动记录后，必须判断当前记录位置是否超出范围，否则后续操作会产生错误。

【程序代码】

```
Private Sub Adodc1_MoveComplete(ByVal adReason As ADODB.EventReasonEnum, ByVal
pError As ADODB.Error, adStatus As ADODB.EventStatusEnum, ByVal pRecordset As
ADODB.Recordset)
    Label9.Caption="这是第" & Adodc1.Recordset.AbsolutePosition & "条记录,共" &
    Adodc1.Recordset.RecordCount & "条记录"
End Sub
Private Sub Command1_Click()
    Adodc1.Recordset("学号")=Text1.Text
    Adodc1.Recordset("姓名")=Text2.Text
    Adodc1.Recordset("性别")=Combo1.Text
    Adodc1.Recordset("出生日期")=Text3.Text
    Adodc1.Recordset("专业")=Text4.Text
    Adodc1.Recordset("入学时间")=Text5.Text
    Adodc1.Recordset("联系电话")=Text6.Text
    Adodc1.Recordset("家庭住址")=Text7.Text
    Adodc1.Recordset.Update                          '注1:
    Command1.Visible=False
    Command2.Visible=False
End Sub
Private Sub Command2_Click()
    Adodc1.Recordset.CancelUpdate                    '注2:
    Command1.Visible=False
    Command2.Visible=False
End Sub
Private Sub mnuOperateAdd_Click()
    Adodc1.Recordset.AddNew                          '注3:
    Command1.Visible=True
    Command2.Visible=True
End Sub
Private Sub mnuOperateDelete_Click()
```

```
        answer=MsgBox("是真的要删除当前记录？", vbYesNo, "删除记录")
        If answer=vbYes Then                                        '注4：
            Adodc1.Recordset.Delete                                 '注5：
            Adodc1.Recordset.MoveNext                               '注6：
            If Adodc1.Recordset.EOF Then                            '注7：
                Adodc1.Recordset.MoveLast
            End If
        Else
            Exit Sub
        End If
End Sub
Private Sub mnuOperateExit_Click()
    End
End Sub
Private Sub mnuPreviewFirst_Click()
    Adodc1.Recordset.MoveFirst                                      '注8：
End Sub
Private Sub mnuPreviewLast_Click()
    Adodc1.Recordset.MoveLast                                       '注9：
End Sub
Private Sub mnuPreviewNext_Click()
    Adodc1.Recordset.MoveNext                                       '注10：
    If Adodc1.Recordset.EOF Then
        Adodc1.Recordset.MoveLast
    End If
End Sub
Private Sub mnuPreviewPrevious_Click()
    Adodc1.Recordset.MovePrevious                                   '注11：
    If Adodc1.Recordset.BOF Then
        Adodc1.Recordset.MoveFirst
    End If
End Sub
```

程序运行界面如图 1.114 所示。

图 1.114　浏览记录界面

17.4 完善程序

【实验 17.3】 在实验 17.2 的基础上增加一个"数据查询"主菜单,其菜单项及属性设置如表 1-23 所示。选择"查性别"菜单项可以分别查询 xs 表中男、女同学的记录;选择"查学分"菜单项可以查询 kc 表中每门课程的学分;选择"查成绩"菜单项通过 xs、kc 及 xk 这 3 个表可以查询每个同学不同课程的成绩。

【分析】 程序采用两个窗体界面完成,窗体 1 作为主界面,界面设置同实验 17.2;窗体 2 作为查询界面,界面上放置一个 DataGrid 控件,用于显示查询的数据。添加一个标准模块,用于声明查询所用到的全局变量。由于窗体 2 作为 3 种查询的公共界面,界面上只有一个显示控件,所以在窗体 2 的卸载事件中要考虑返回窗体 1。

表 1-23 增加的菜单栏的属性设置

标　题	名　称
数据查询	mnuSearch
....查性别	mnuSearchSex
....查学分	mnuSearchCredit
....查成绩	mnuSearchScore

【程序代码】

模块中的代码如下:

```
Public s1 As String, s2 As String, s3 As String, sqlstring As String
```

窗体 1 增加的代码如下:

```
Private Sub mnuSearchSex_Click()
    Dim sex As String
    sex=InputBox("请输入性别", "输入", "女")
    s1="Select 学号,姓名,性别,家庭住址 "            '输出项中包含的字段
    s2="From xs "                                    '数据来自 xs 表
    s3="Where 性别=" & "'" & sex & "'"               '数据满足的条件
    sqlstring=s1 & s2 & s3                           '组合成完整的查询语句
    Form1.Hide
    Form2.Show
End Sub
Private Sub mnuSearchCredit_Click()
    s1="Select 课程名,学分 "
    s2=_____
    _____
    Form1.Hide
    Form2.Show
End Sub
Private Sub mnuSearchScore_Click()
    s1="Select xs.学号,xs.姓名,kc.课程名,kc.学分,xk.成绩 "
    s2=_____
    s3="Where xs.学号=xk.学号 and _____ "
```

```
        sqlstring=s1 & s2 & s3
        Form1.Hide
        Form2.Show
    End Sub
```

窗体 2 的代码如下：

```
Private Sub Form_Activate()
    Form1.Adodc1.CommandType=adCmdText          '命令类型为文本型
    Form1.Adodc1.RecordSource=sqlstring         '设定数据源
    Form1.Adodc1.Refresh
    Set DataGrid1.DataSource=Form1.Adodc1       '显示控件与 ADO 控件绑定
    DataGrid1.AllowAddNew=False                 '不允许添加
    DataGrid1.AllowDelete=False                 '不允许删除
    DataGrid1.AllowUpdate=False                 '不允许更新
    DataGrid1.Align=1                           '对齐到窗体顶部
    DataGrid1.Refresh
End Sub
Private Sub Form_Unload(Cancel As Integer)      '单击"关闭"按钮时触发
    Form2.Hide
    Form1.Show
End Sub
```

查询成绩的运行结果界面如图 1.115 所示。

图 1.115　查询成绩运行界面

17.5　自己练习

(1) 利用 Microsoft Access 2003 系统创建一个"职工.mdb"数据库,该数据库包括"职工信息"表、"工资"表,其表结构分别如表 1-24、表 1-25 所示。

表 1-24　"职工信息"表结构

字段名	类型	长度	说明	字段名	类型	长度	说明
职工编号	文本	5	主键	职称	文本	12	
姓名	文本	8		部门	文本	16	
性别	文本	2		联系电话	文本	11	
出生日期	日期			家庭住址	文本	20	

表 1-25 "工资"表结构

字段名	类型	长度	说明	字段名	类型	长度	说明
职工编号	文本	5	主键	扣除	数字	单精度	
基本工资	数字	单精度		实发工资	数字	单精度	
津贴	数字	单精度					

（2）建立一个职工信息系统。要求系统主菜单包含"查询"、"数据维护"及"退出"菜单项。其中，"查询"功能包括"按部门查询"和"按职称查询"，查询显示结果包含两个表中的所有字段；"数据维护"功能包括对"职工信息表"和"工资"表的维护。图 1.116 是维护职工信息表的界面，图 1.117 是按部门查询的结果。

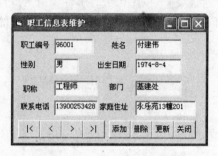

图 1.116 维护职工信息表

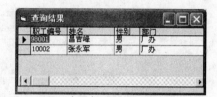

图 1.117 按部门查询的结果

实验 18 综 合 实 验

18.1 实验目的

（1）掌握多文档界面的设计方法。
（2）掌握标准模块程序代码的设计方法。
（3）掌握通用对话框的使用方法。

18.2 示例程序

【实验 18.1】 编写具有简单字处理功能的程序。

【分析】 开发多文档界面的一个应用程序一般需要两个窗体：一个 MDI 窗体和一个子窗体。不同窗体中共用的过程、变量应存放在标准模块中。

MDI 窗体在使用时，如何识别哪一个子窗体处于活动的是需要考虑的问题。为此，VB 提供了访问 MDI 窗体的两个属性，即 ActiveForm 和 ActiveControl。ActiveForm 表示具有焦点的或者最后被激活的子窗体；ActiveControl 表示活动子窗体上具有焦点的控件。

【操作步骤】

1. 新建一个应用程序

启动 VB,创建一个标准 EXE 类型的应用程序。

2. 创建窗体

1) 创建和设计 MDI 窗体

创建 MDI 窗体的方法是:选择"工程"菜单中的"添加 MDI 窗体"命令。

MDI 窗体是子窗体的容器,只能在容器中放置菜单栏、工具栏、状态栏或图片框控件,不能放置其他控件。按图 1.118 进行 MDI 窗体界面的设计。

2) 创建和设计 MDI 子窗体

要创建一个 MDI 子窗体,只要建立一个普通窗体,将其 MDIChild 属性设置为 True。创建子窗体后的工程管理器如图 1.119 所示。可以看出,子窗体的图标与普通窗体的图标不同,若要建立多个子窗体,方法同上。

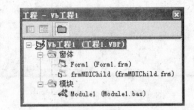

图 1.118 多文字处理程序的界面　　　　图 1.119 创建子窗体后的工程管理器

实际上,一般是先建立一个子窗体作为应用程序文档的模板,然后利用对象变量声明该模板的一个实例。例如本例中建立的子窗体名称为 frmMDIChild,下面的语句:

```
Dim NewDoc As New frmMDIChild
```

就建立一个新的实例 NewDoc,新实例具有与 frmMDIChild 窗体相同的属性、控件和代码。

创建 3 个实例后的窗体界面如图 1.120 所示。

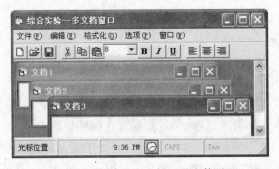

图 1.120 创建 3 个实例后的窗体界面

按表 1-26 设置子窗体菜单对象的属性。

表 1-26　菜单对象的属性设置

标　　　题	名　　　称	快捷键
文件(&F)	mnuFile	
....新建	mnuNew	Ctrl＋N
....打开	mnuOpen	Ctrl＋O
....保存	mnuSave	Ctrl＋S
....退出	mnuClose	
编辑(&E)	mnuEdit	
....剪切	mnuCut	Ctrl＋X
....复制	mnuCopy	Ctrl＋C
....粘贴	mnuPaste	Ctrl＋V
格式化(&O)	mnuFormat	
....字体	mnuFont	Ctrl＋F
....颜色	mnuColor	
选项(&P)	mnuOption	
....状态栏	mnuStatus	Ctrl＋U
....工具栏	mnuTool	Ctrl＋T
窗口(&W)	mnuWindow	
....水平平铺	mnuTileHorizontal	F8
....垂直平铺	mnuTileVertical	F9
....层叠排列	mnuCascade	F11
....排列图标	mnuIcon	F12

设置好的子窗体如图 1.121 所示。

3. 程序代码

标准模块的代码：

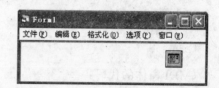

图 1.121　子窗体的界面

```
Public Sub FileOpen()
    On Error GoTo finish
    If frmMDI.ActiveForm Is Nothing Then FileNew          '活动窗体为空则新建
    With frmMDI.ActiveForm
        .CommonDialog1.Filter="RTF 文件(＊.rtf)|＊.rtf|TXT 文件(＊.txt)|＊.txt"
        .CommonDialog1.Action=1                           '显示"打开"对话框
        If .CommonDialog1.FilterIndex=1 Then
            .RichTextBox1.LoadFile.CommonDialog1.FileName       'RTF 文件
        Else
            .RichTextBox1.LoadFile.CommonDialog1.FileName, 1    'TXT 文件
        End If
        .Caption=.CommonDialog1.FileName
    End With
finish:
End Sub
Public Sub FileNew()
    Dim newdoc As New frmMDIChild                          '创建一个实例
```

```
        Static Counter As Integer
        Counter=Counter+1
        newdoc.Caption="文档" & Counter                              '设置标题
        newdoc.Show
    End Sub
    Public Sub FileSave()
        With frmMDI.ActiveForm
            .CommonDialog1.Action=2                                 '显示"保存"对话框
            .ActiveControl.SaveFile .CommonDialog1.FileName, rtfRTF   '保存为 RTF 格式
        End With
    End Sub
    Public Sub CutProc()
        With frmMDI.ActiveForm
            Clipboard.SetText .ActiveControl.SelText                '剪切到剪贴板
            .ActiveControl.SelText=""
        End With
    End Sub
    Public Sub CopyProc()
        Clipboard.SetText frmMDIChild.ActiveForm.ActiveControl.SelText  '复制到剪贴板
    End Sub
    Public Sub PasteProc()
        frmMDI.ActiveForm.ActiveControl.SelText=Clipboard.GetText     '粘贴
    End Sub
    Public Sub FileClose()
        Unload Me
    End Sub
```

MDI 窗体的代码：

```
    Private Sub Form_Load()
        Call FileNew
    End Sub
    Private Sub Combo1_Click()
        ActiveForm.ActiveControl.SelFontSize=Val(Combo1.Text)          '设置字号
    End Sub
    Private Sub mnuNew_Click()
        Call FileNew
    End Sub
    Private Sub mnuOpen_Click()
        Call FileOpen
    End Sub
    Private Sub Toolbar1_ButtonClick(ByVal Button As MSComctlLib.Button)
        With Form1.ActiveForm.ActiveControl
            Select Case Button.Key
                Case "TNew"                    '单击"新建"按钮,执行标准代码模块中的新建过程
```

```
            FileNew
        Case "TOpen"                    '单击"打开"按钮,执行打开过程
            FileOpen
        Case "TSave"                    '单击"保存"按钮,执行保存过程
            FileSave
        Case "TCut"                     '单击"剪切"按钮,将选中的文本送到剪贴板
            CutProc
        Case "TCopy"                    '单击"复制"按钮,将选中的文本送到剪贴板
            CopyProc
        Case "TPaste"                   '单击"粘贴"按钮,将剪贴板中的文本粘贴到当前位置
            PasteProc
        Case "TBold"                        '设置粗体
            .SelBold=Not .SelBold
        Case "TUnderline"                   '设置下划线
            .SelUnderline=Not .SelUnderline
        Case "TItalic"                      '设置斜体
            .SelItalic=Not .SelItalic
        Case "TLeft"                        '左对齐
            .SelAlignment=0
        Case "TRight"                       '右对齐
            .SelAlignment=1
        Case "TCenter"                      '居中
            .SelAlignment=2
        End Select
    End With
End Sub
Private Sub mnuexit_Click()
    Unload Form1
End Sub
```

MDI 子窗体的代码:

```
Dim flg As Boolean                      '作为文档是否改变的标记
Private Sub Form_Resize()               '窗体大小改变时,文档窗口随着改变
    Me.RichTextBox1.Width=Me.Width
    Me.RichTextBox1.Height=Me.Height
End Sub
Private Sub mnuNew_Click()              '调用新建过程
    Call FileNew
End Sub
Private Sub mnuOpen_Click()             '调用打开过程
    Call FileOpen
End Sub
Private Sub mnuSave_Click()             '调用保存过程
    Call FileSave
```

```
        End Sub
        Private Sub mnuClose_Click()
            Dim f As Integer
            If flg Then                                    '条件成立,则文档内容有改变
                f=MsgBox("文本已改变,要保存吗?", vbYesNo, "程序示例")
                If f=6 Then                                '回答是,则进行保存
                    Call FileSave
                Else
                    Unload Me                              '卸载
                End If
            Else
                End
            End If
        End Sub
        Private Sub mnuCut_Click()                         '调用剪切过程
            Call CutProc
        End Sub
        Private Sub mnuCopy_Click()                        '调用复制过程
            Call CopyProc
        End Sub
        Private Sub mnuPaste_Click()                       '调用粘贴过程
            Call PasteProc
        End Sub
        Private Sub mnuFont_Click()
            With frmMDI.ActiveForm.CommonDialog1
                .Flags=cdlCFBoth Or cdlCFEffects           '显示打印字体和屏幕字体,同时出现
                                                           '删除线、下划线和颜色选项

                .FontSize=RichTextBox1.SelFontSize
                .Action=4                                  '显示"字体"对话框
            End With
            With frmMDI.ActiveForm.RichTextBox1
                .SelFontName=CommonDialog1.FontName
                .SelFontSize=CommonDialog1.FontSize
                .SelBold=CommonDialog1.FontBold
                .SelItalic=CommonDialog1.FontItalic
                .SelUnderline=CommonDialog1.FontUnderline
                .SelStrikeThru=CommonDialog1.FontStrikethru
            End With
        End Sub
        Private Sub mnuColor_Click()
            frmMDI.ActiveForm.CommonDialog1.Action=3    '显示"颜色"对话框
            frmMDI.ActiveForm.RichTextBox1.SelColor=CommonDialog1.Color
        End Sub
        Private Sub mnuStatus_Click()                      '改变状态栏的状态
```

```
        If mnuStatus.Checked Then
            frmMDI.StatusBar1.Visible=False
            mnuStatus.Checked=False
        Else
            frmMDI.StatusBar1.Visible=True
            mnuStatus.Checked=True
        End If
    End Sub
    Private Sub mnuTool_Click()                      '改变工具栏的状态
        If mnuTool.Checked Then
            frmMDI.ToolBar1.Visible=False
            mnuTool.Checked=False
        Else
            frmMDI.ToolBar1.Visible=True
            mnuTool.Checked=True
        End If
    End Sub
    Private Sub mnuTileHorizontal_Click()
        frmMDI.Arrange vbTileHorizontal            '水平平铺窗口
    End Sub
    Private Sub mnuTileVertical_Click()
        frmMDI.Arrange vbTileVertical              '垂直平铺窗口
    End Sub
    Private Sub mnuCascade_Click()
        frmMDI.Arrange vbCascade                   '层叠窗口
    End Sub
    Private Sub mnuIcon_Click()
        frmMDI.Arrange vbArrangeIcons              '对最小化的子窗体排列图标
    End Sub
    Private Sub RichTextBox1_Change()     '文档改变时,显示光标的位置,置 flg 为 True
        frmMDI.StatusBar1.Panels(2).Text=RichTextBox1.SelStart
        flg=True
    End Sub
    Private Sub RichTextBox1_Click()                 '单击文档时,显示光标的位置
        frmMDI.StatusBar1.Panels(2).Text=RichTextBox1.SelStart
    End Sub
```

4. 保存工程

将主窗体以 F1.frm 为文件名,子主窗体以 F1Child.frm 为文件名,工程以 P1.vbp 为文件名,保存到 D:\实验 18\文件夹中。

5. 执行并调试程序

单击工具栏中的 ▶ 按钮(或按 F5 键),执行当前程序,如图 1.122 所示。如果有错

误,或没有达到设计目的,则打开代码编辑窗口进行修改,直至达到设计要求。

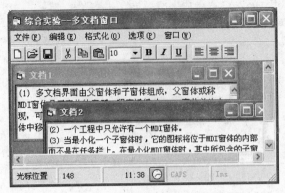

图 1.122 多文档字处理程序运行界面

18.3 阅读程序

【实验18.2】 编写一个对数据进行处理的程序,包含的功能有:产生随机数、求最大值、删除最大数、插入一个数、求素数以及排序等。

【分析】 工程中添加两个窗体,其中一个作为主窗体,设置菜单完成题目要求的产生随机数、求最大值、删除最大数、插入一个数等功能;另一个窗体中通过弹出菜单实现求素数以及排序。工程中添加一个标准模块,声明全局数组以及实现每一个功能的若干过程或函数。

【操作步骤】

1. 新建一个应用程序

启动 VB,创建一个标准 EXE 类型的应用程序。

2. 窗体设计

1) 窗体 Form1 的界面设计

按图 1.123 设计 Form1 窗体的界面,菜单对象的属性设置如表 1-27 所示。

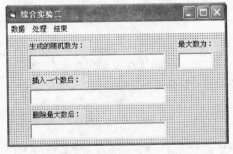

图 1.123 Form1 窗体的界面

表 1-27 Form1 菜单对象的属性设置

标题	名称
数据	data
....产生随机数	datarandom
....插入一个数	datainsert
....求最大数	datamax
...:删除最大数	datadelete
处理	Processing
结束	exit

2) 窗体 Form2 的界面设计

按图 1.124 设计 Form2 窗体的界面,弹出式菜单对象的属性设置如表 1-28 所示。

图 1.124　Form2 窗体的界面

表 1-28　Form2 菜单对象的属性设置

标题	名称
处理	treat
....查找素数	searchprime
....排序	datasort

【程序代码】

标准模块的程序代码：

```
Public a() As Integer
Public Sub random()                                '产生随机数
    Dim i As Integer
    Randomize
    For i=1 To 10
        ReDim Preserve a(i)
        a(i)=Int(Rnd * 90+10)
    Next i
End Sub
Public Sub max(b() As Integer, m As Integer)       '找最大值
    Dim i As Integer
    m=b(1)
    For i=2 To UBound(b)
        If m<b(i) Then
            m=b(i)
        End If
    Next i
End Sub
Public Sub insert()
    k=InputBox("请输入一个两位的数字：", "输入一个数")
    m=UBound(a)
    ReDim Preserve a(m+1)                           '扩充数组
    a(m+1)=k
End Sub
Public Sub delete()
    Dim i As Integer, m As Integer, n As Integer
    Call max(a, m)                                  '调用求最大值过程
    For i=1 To UBound(a)
        If m=a(i) Then                              '找最大值的位置
            n=i
        End If
    Next i
```

```
        For i=n To UBound(a)-1                       '进行移位
            a(i)=a(i+1)
        Next i
        ReDim Preserve a(UBound(a)-1)
End Sub
Public Function prime(x As Integer) As Boolean      '找素数
    prime=False
    For i=2 To Sqr(x)
        If x Mod i=0 Then
                Exit Function
        End If
    Next i
    If i>Sqr(x) Then
        prime=True
    End If
End Function
Public Sub sort(b() As Integer)                      '排序
    Dim i As Integer, j As Integer, k As Integer, t As Integer
    k=UBound(b)
    For i=1 To k-1
        For j=i+1 To k
            If b(i)>b(j) Then
                t=b(i)
                b(i)=b(j)
                b(j)=t
            End If
        Next j
    Next i
End Sub
```

窗体 Form1 的程序代码：

```
Option Base 1
Private Sub datarandom_Click()                       '产生随机数
    Dim i As Integer
    Text1=""
    Call random                                      '调用产生随机数过程
    For i=1 To UBound(a)
        Text1=Text1 & Str(a(i))
    Next i
End Sub
Private Sub datainsert_Click()                       '插入一个元素
    Dim i As Integer, k As Integer
    Text2=""
    Call insert                                      '调用插入过程
```

```vb
        For i=1 To UBound(a)
            Text2=Text2 & Str(a(i))
        Next i
    End Sub
    Private Sub datamax_Click()                    '求最大值
        Dim i As Integer, m As Integer
        Call max(a, m)                             '调用求最大值过程
        Text3=m
    End Sub
    Private Sub datadelete_Click()                 '删除最大数
        Dim i As Integer, m As Integer, n As Integer
        Text4=""
        Call delete                                '调用删除过程
        For i=1 To UBound(a)
            Text4=Text4 & Str(a(i))                '输出
        Next i
    End Sub
    Private Sub Processing_Click()
        Form2.Show
    End Sub
    Private Sub exit_Click()
        End
    End Sub
```

窗体 Form2 的程序代码：

```vb
    Private Sub datasort_Click()
        Call sort(a)                               '调用排序过程
        Text2=""
        For i=1 To UBound(a)
            Text2=Text2 & Str(a(i))
        Next i
    End Sub
    Private Sub Form_MouseDown(Button As Integer, Shift As Integer, x As Single, _
    Y As Single)
        If Button=2 Then
            PopupMenu treat                        '弹出菜单
        End If
    End Sub
    Private Sub searchprime_Click()
        Dim i As Integer, j As Integer
        Text1=""
        For i=1 To UBound(a)
            If prime(a(i)) Then                    '条件满足是素数
                Text1=Text1 & Str(a(i))
```

```
        End If
    Next i
End Sub
Private Sub Command1_Click()                    '返回
    Form2.Hide
    Form1.Show
End Sub
```

程序运行结果如图 1.125、图 1.126 所示。

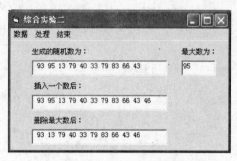

图 1.125　Form1 的运行界面

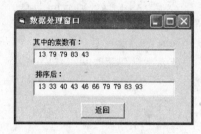

图 1.126　Form2 的运行界面

第 2 部分　常用过程

实际编程时，在许多程序中常常需要用到一些通用过程。例如，判断一个正整数是否为素数、是否为回文数、是否为升序数、是否为同构数、是否为平方数、是否为完数，求一个正整数的阶乘、反序数，求两个数的最大公约数、最小公倍数，十进制数转换为其他进制数、其他进制数转换为十进制数，求序列中的最大值及删除序列中的重复数等。本部分将用于完成这些功能的程序段组织成通用过程，其中有的题目给出了几种不同的做法，读者应熟练掌握这些过程的基本方法与技巧，在学习、理解的基础上熟记在心，在程序设计时可以直接调用。

2.1　判断正整数是否为素数

【分析】　所谓素数是指除了可被 1 和自身整除之外，不能被其他数整除的数。

(1) 函数过程一如下：

```
Private Function prime(n As Integer) As Boolean
    Dim i As Integer
    For i=2 To Sqr(n)
        If n Mod i=0 Then Exit For          '判断能否整除
    Next i
    If i>Sqr(n) Then prime=True             '条件满足,则是素数
End Function
```

形参说明：n 为需要判断的正整数，调用结束通过函数名 prime 返回判断结果。

(2) 函数过程二如下：

```
Private Function Prime(n As Integer) As Boolean
    Dim i As Integer
    For i=2 To Sqr(n)
        If n/i=Int(n/i) Then Exit Function   '条件满足,则不是素数
    Next i
    Prime=True                               '是素数
End Function
```

形参说明：n 为需要判断的正整数，调用结束通过函数名 prime 返回判断结果。

（3）Sub 过程如下：

```
Private Sub prime(n As Integer, f As Boolean)
    Dim k As Integer
    For k=2 To Sqr(n)
        If n Mod k=0 Then Exit Sub          '条件满足,直接退出过程
    Next k
    f=True                                   '是素数
End Sub
```

形参说明：n 为需要判断的整数，f 用于返回判断结果，f 值为 True，则 n 是素数；f 值为 False，则 n 不是素数。由于 Sub 过程是通过传地址参数将结果传回调用程序，所以本过程的形参 f 主要是为了回传值而增加的一个参数，调用前应给对应于形参 f 的实参赋值 False。

2.2 判断正整数是否为合数

【分析】 所谓合数是指除了可被 1 和自身整除之外，还可被其他数整除的数，如 12。
函数过程如下：

```
Private Function hs(n As Integer) As Boolean
    Dim i As Integer
    For i=2 To n-1
        If n Mod i=0 Then Exit For
    Next i
    If i<=n-1 Then hs=True                    '条件满足,则是合数
End Function
```

形参说明：n 为需要判断的整数，调用结束通过函数名 hs 返回判断结果。

2.3 判断正整数是否为回文数

【分析】 所谓回文数是指形如 ABA、ABCBA 的数，如 121、23632 均是回文数。
函数过程如下：

```
Private Function hw(n As Integer) As Boolean
    Dim i As Integer, st As String, strlen As Integer
    st=CStr(n)
    strlen=Len(st)
    For i=1 To strlen\2
        If Mid(st, i, 1)<>Mid(st, strlen+1-i, 1) Then
            Exit Function                     '不是回文数
```

```
        End If
    Next i
    hw=True                                          '是回文数
End Function
```

形参说明：n 为需要判断的整数，调用结束通过函数名 hw 返回判断结果。

2.4　判断正整数是否为完数

【分析】　所谓完数是指一个整数 n 的因子和(不包括 n)等于 n。如 6 的因子为 1、2、3,且 $6=1+2+3$,因而 6 就是完数。

(1) 判断是否为完数,函数过程如下:

```
Private Function wanshu(n As Integer) As Boolean
    Dim i As Integer, sum As Integer
    For i=1 To n-1
        If n Mod i=0 Then                            '条件满足,是因子
            sum=sum+i                                '累加因子
        End If
    Next i
    If sum=n Then wanshu=True                         '条件满足,是完数
End Function
```

形参说明：n 为需要判断的整数,调用结束通过函数名 wanshu 返回判断结果。

(2) 将正整数的因子存入数组,并判断是否为完数。

Sub 过程如下:

```
Private Sub wanshu(n As Integer, a() As Integer, f As Boolean)
    Dim i As Integer, k As Integer, sum As Integer
    For i=1 To n-1
        If n Mod i=0 Then                            '条件满足,是因子
            k=k+1
            ReDim Preserve a(k)
            a(k)=i                                   '因子存入数组
            sum=sum+i                                '累加因子
        End If
    Next i
    If sum=n Then f=True                              '条件满足,是完数
End Sub
```

形参说明：n 为需要判断的整数,a 数组用于保存得到的因子,f 用于返回判断结果。f 值为 True,则是完数;f 值为 False,则不是完数。调用该过程前,应给对应于形参 f 的实参赋值 False。

2.5　判断正整数是否为升序数

【分析】　所谓升序数是指一个整数 n 的各位数字是递增的,如 123、369。
函数过程如下：

```
Private Function sx(ByVal n As Integer) As Boolean
    Dim a() As Integer, k As Integer, p As Integer
    Dim i As Integer
    Do
        p=n Mod 10                              '得到一位数
        k=k+1
        ReDim Preserve a(k)
        a(k)=p                                  '将其存入数组
        n=n\10                                  '为下一循环做准备
    Loop Until n=0
    For i=2 To UBound(a)
        If a(i)>=a(i-1) Then Exit Function      '条件满足,不是升序数
    Next i
    sx=True                                     '是升序数
End Function
```

　　形参说明：n 为需要判断的整数,由于形参 n 的值在过程中发生了改变,所以声明为
传值参数(在参数前加 ByVal)。调用结束通过函数名 sx 返回判断结果。

2.6　判断正整数是否为平方数

【分析】　所谓平方数是指满足关系式 $\mathrm{Int}(\mathrm{Sqr}(n))=\mathrm{Sqr}(n)$ 的数,如 121、144。
Sub 过程如下：

```
Private Sub square(n As Long, f As Boolean)
    If n>0 Then
        If Int(Sqr(n))=Sqr(n) Then              '条件满足,是平方数
            f=True
            Exit Sub
        End If
    End If
    f=False                                     '不是平方数
End Sub
```

　　形参说明：n 为需要判断的整数,f 用于返回判断的结果。f 值为 True,则是平方
数；f 值为 False,则不是平方数。

2.7 判断正整数是否为同构数

【分析】 若一个数出现在自己平方数的右端,则称此数为同构数,如 25、76。
函数过程如下:

```
Private Function tg(n As Integer) As Boolean
    Dim m As Long, k As Integer
    k=Len(CStr(n))
    m=n^2
    If Right(CStr(m), k)=CStr(n) Then        '条件满足,是同构数
        tg=True
    End If
End Function
```

形参说明:n 为需要判断的整数,调用结束后通过函数名 tg 得到结果。

2.8 求正整数的阶乘

【分析】 求阶乘的方法比较多,一般采用累乘及递归的方法实现。
(1)函数过程一如下:

```
Private Function jc(n As Integer) As Long
    If n=1 Then
        jc=1
    Else
        jc=jc(n-1) * n                       '递归调用
    End If
End Function
```

形参说明:n 为需要求阶乘的整数。由于阶乘值比较大,所以函数值的类型声明为
Long。该函数使用递归方法实现,调用结束通过函数名 jc 返回结果。
(2)函数过程二如下:

```
Private Function jc(ByVal n As Integer) As Long
    jc=1
    Do While n>0
        jc=jc * n                            '累乘
        n=n-1
    Loop
End Function
```

形参说明:n 为需要求阶乘的整数,由于过程中形参的值发生了改变,所以形参 n 声

明为传值参数。由于阶乘值比较大，所以函数值的类型声明为 Long。调用结束通过函数名 jc 返回结果。

（3）函数过程三如下：

```
Private Function jc(n As Integer) As Long
    Dim i As Integer
    jc=1
    For i=2 To n
        jc=jc*i                          '累乘
    Next i
End Function
```

形参说明：n 为需要求阶乘的整数。由于阶乘值比较大，所以函数值的类型声明为 Long。该方法与上一种类似，均采用累乘实现，不过两个累乘的方向相反。调用结束通过函数名 jc 返回结果。

2.9 求最大公约数

【分析】 求最大公约数的方法比较多，可以采用穷举法算法、欧几里得算法及递归算法等。

1. 欧几里得算法

欧几里得算法又称为辗转相除法，函数过程一如下：

```
Private Function gcd(ByVal m As Integer, ByVal n As Integer) As Integer
    Dim r As Integer
    r=m Mod n
    Do While r<>0
        m=n: n=r
        r=m Mod n
    Loop
    gcd=n
End Function
```

形参说明：m、n 为需要求最大公约数的两个整数，由于过程中两个参数的值都发生改变，所以将两个参数都声明为传值参数。调用结束通过函数名 gcd 返回结果。

2. 递归算法

函数过程二如下：

```
Private Function gcd(ByVal m As Integer, ByVal n As Integer) As Integer
    Dim r As Integer
    r=m Mod n                                    '求余数
    If r=0 Then
        gcd=n
```

```
        Else
            m=n: n=r
            gcd=gcd(m, n)                          '进行递归
        End If
    End Function
```

形参说明：m、n 为需要求最大公约数的两个整数，由于过程中两个参数的值都发生改变，所以将两个参数都声明为传值参数。调用结束通过函数名 gcd 返回结果。

3. 穷举算法

函数过程三如下：

```
Private Function gcd(m As Integer, n As Integer) As Integer
    Dim i As Integer
    For i=n To 1 Step-1
        If m Mod i=0 And n Mod i=0 Then Exit For    '条件满足时,i即为最大公约数
    Next i
    gcd=i
End Function
```

形参说明：m、n 为需要求最大公约数的两个整数。该算法采用的是穷举算法，即从 n 开始试除 m 与 n，如果不能整除，再用 $n-1$ 试除，一直到 1，一旦其间某个数能整除 m 与 n，它就是 m 与 n 的最大公约数。穷举算法的一个缺陷是效率较低。调用结束通过函数名 gcd 返回结果。

2.10 求最小公倍数

【分析】 求最小公倍数的方法比较多，可以采用穷举法、最大公约数（即用最大公约数求最小公倍数）算法等。

1. 最大公约数算法

函数过程一如下：

```
Private Function Lcm(m As Integer, n As Integer) As Integer
    Dim i As Integer, j As Integer
    For i=n To 1 Step-1
        If n Mod i=0 And m Mod i=0 Then              '条件满足时,i为最大公约数
            Exit For
        End If
    Next i
    Lcm=m * n/i                                       '最小公倍数为 m * n/i
End Function
```

形参说明：m、n 为需要求最小公倍数的两个整数。该算法采用的是最大公约数算法，即先求出最大公约数 i，则 $m*n/i$ 即为最小公倍数。调用结束通过函数名 Lcm 返回结果。

2. 试除算法

函数过程二如下：

```
Private Function Lcm(m As Integer, n As Integer) As Long
    Do
        Lcm=Lcm+n
        If Lcm Mod n=0 And Lcm Mod m=0 Then        '条件满足时,Lcm 为最小公倍数
            Exit Do
        End If
    Loop
End Function
```

形参说明：*m*、*n* 为需要求最小公倍数的两个整数。该算法采用的是试除算法,即用两个整数中任意一个数作为最小公倍数去试除两数,若能整除,则返回结果；若不能整除,则最小公倍数增加 1 倍,继续去除两数,直至能整除为止。调用结束通过函数名 Lcm 返回结果。

3. 穷举算法

函数过程三如下：

```
Private Function Lcm(m As Integer, n As Integer) As Long
    Dim i As Integer, t As Integer
    If n>m Then
        t=n: n=m: m=t                    '使得 m>n
    End If
    For i=m To m * n Step m               '最小公倍数在 m~m * n 之间
        If i Mod n=0 Then
            Lcm=i                         '满足条件的第一个数为最小公倍数
            Exit For
        End If
    Next i
End Function
```

形参说明：*m*、*n* 为需要求最小公倍数的两个整数。算法：不妨假设 *m*>*n*,则 *m* 与 *n* 的最小公倍数应该在 *m*~*m* * *n* 之间,可以从 *m* 开始试除以 *n*；如果 *m* 不能整除以 *n*,再用 *m*+*m* 试,一直到 *m* * *n*。一旦其间某个 *m* 的倍数能够整除以 *n*,它就是 *m* 与 *n* 的最小公倍数。调用结束通过函数名 Lcm 返回结果。

2.11 求正整数的逆序数

【分析】 求正整数的逆序数的方法有两种：数值算法及字符算法。

1. 数值算法

函数过程一如下：

```
Private Function nx(ByVal n As Integer) As Integer
```

```
    Dim k As Integer, s As String
    Do
        k=n Mod 10                              '依次得到一位数
        s=s & CStr(k)                           '逆序字符累加
        n=n\10                                  '缩小位数
    Loop Until n=0
    nx=s                                        '为函数名赋值
End Function
```

形参说明：n 为需要求逆序数的正整数。算法：从整数个位数开始用取余法依次得到整数的每一位数，将其以逆序字符的形式累加到一个字符变量中。调用结束通过函数名 nx 返回结果。若对于 2500 这样的数，要求得到 0025 的形式，只要将函数值的类型声明为 String 即可。

2. 字符算法

函数过程二如下：

```
Private Function nx(n As Integer) As Integer
    Dim k As Integer, s As String, st As String
    s=CStr(n)                                   '转换为数字串
    For i=Len(s) To 1 Step-1
        st=st & Mid(s, i, 1)                    '字符累加
    Next i
    nx=st                                       '为函数名赋值
End Function
```

形参说明：n 为需要求逆序数的正整数。算法：将整数转换为字符形式，利用循环依次得到字符串的每一位数，将其累加到一个字符变量中。调用结束通过函数名 nx 返回结果。

2.12 分离正整数的各位数到数组并求和

【分析】 经常会遇到需要将一个正整数的各位数字分离出来的情况，下面的 Sub 过程实现该功能。采用的方法是依次得到（取余法）每一位数，将其存放到数组中。计算整数各位数字之和与分离整数的各位数很类似，不同的是得到每一位数后直接相加即可，下面的 fun 过程实现该功能。

1. 分离正整数的每位数

Sub 过程如下：

```
Private Sub dv(ByVal n As Integer, p() As Integer)
    Dim k As Integer
    Do
        k=k+1
        ReDim Preserve p(k)
```

```
        p(k)=n Mod 10                          '得到一位数并存入数组
        n=n\10                                 '为得到下一位数做准备
    Loop Until n=0
End Sub
```

形参说明：n 为需要分离的正整数，由于 n 的值在过程中发生了改变，所以将 n 声明为传值参数。p 为一个数组，用于存放分离出的每一位数。由于形参 n 的位数不定，所以形参 p 为一个动态数组。调用结束后通过数组 p 返回结果。

2. 求正整数各位数字的和

函数过程如下：

```
Private Function fun(ByVal n As Long) As Integer
    Do While n>0
        fun=fun+ (n Mod 10)                    '得到一位数并进行数值累加
        n=n\10                                 '为得到下一位数做准备
    Loop
End Function
```

形参说明：n 为需要求各位数的和的正整数。由于 n 的值在过程中发生了改变，所以将 n 声明为传值参数。利用循环依次得到每一位数，将其累加到一个函数名中。调用结束通过函数名 fun 返回结果。

2.13　判断整数的每位数字是否相同

【分析】　判断的方法是将一个正整数的各位数字分离出来，并存放到一个数组中，利用选择法判断是否有相同的元素。

函数过程如下：

```
Private Function Validate(n As Long) As Boolean
    Dim i As Integer, p As String, a() As Integer, j As Integer
    p=CStr(n)
    ReDim a(Len(p))
    For i=1 To Len(p)
        a(i)=Mid(p, i, 1)                      '将每一位数字存入数组
    Next i
    For i=1 To UBound(a)-1                      '判断是否有相同的数
        For j=i+1 To UBound(a)
            If a(i)=a(j) Then Exit Function     '有相同的数
        Next j
    Next i
    Validate=True                              '没有相同的数
End Function
```

形参说明：n 为需要判断的正整数。调用结束通过函数名 Validate 返回结果。

2.14 分解质因数

【分析】 经常需要分解出一个正整数的质因数,下面的 factor 过程实现该功能;或者需要分解出一个正整数的不同的质因数,下面的 zys 过程实现该功能。

1. 分解质因数到数组中

Sub 过程一如下:

```
Private Sub factor(ByVal n As Integer, f() As Integer)
    Dim i As Integer, k As Integer
    For i=2 To n-1
        Do While n Mod i=0                    '条件满足,是因数
            k=k+1
            ReDim Preserve f(k)
            f(k)=i                            '将其存入数组
            n=n\i                             '将 n 缩小因数倍
        Loop
    Next i
End Sub
```

形参说明:n 为需要分解因数的正整数,由于 n 的值在过程中发生了改变,所以将 n 声明为传值参数。f 数组用于存放找到的质因数,由于因数个数不确定,因此数组 f 应为一个动态数组。调用结束通过数组 f 返回结果。

2. 分解不同的质因数到数组中

Sub 过程二如下:

```
Private Sub zys(ByVal n As Integer, f() As Integer)
    Dim i As Integer, k As Integer
    i=2
    Do
        If n Mod i=0 Then                     '条件满足,是因数
            k=k+1
            ReDim Preserve f(k)
            f(k)=i                            '将其存入数组
            n=n\i                             '将 n 缩小因数倍
            Do While n Mod i=0                '去掉相同的因数
                n=n\i
            Loop
        Else
            i=i+1
        End If
    Loop Until n<=1
```

```
End Sub
```

　　形参说明：n 为需要分解因数的正整数，由于 n 的值在过程中发生了改变，所以将 n 声明为传值参数。f 数组用于存放找到的不同质因数，由于因数个数不确定，因此数组 f 应为一个动态数组。调用结束通过数组 f 返回结果。

2.15　生成无重复元素的随机整数序列

　　【分析】　生成无重复随机数的方法是首先生成第一个随机数作为数组的第一个元素，然后每生成一个随机数就与数组中已有的元素进行比较，若都不相同，则存入数组；若与数组中某一元素相同，则放弃该数，重新生成一个，直至生成全部元素。
　　Sub 过程如下：

```
Private Sub rnum(a() As Integer)
    Dim i As Integer, x As Integer, j As Integer, flag As Boolean
    a(1)=Int(Rnd * 90)+10                    '生成第一个随机数
    i=2
    flag=True                                '设置标志
    Do
        x=Int(Rnd * 90)+10                   '生成后续的随机数
        For j=1 To i-1
            If x=a(j) Then flag=False        '判断是否与已有的随机数相同
        Next j
        If flag Then                         '标志未改变,则不同
            a(i)=x                           '存入数组
            i=i+1
        Else
            flag=True                        '改变标志值
        End If
    Loop Until i>UBound(a)
End Sub
```

　　形参说明：a 为需要生成不同随机数的数组，生成不同元素的个数由调用时实参数组的个数决定。调用结束通过数组 a 返回结果。

2.16　排　　序

　　【分析】　排序的算法非常多，这里给出的是冒泡排序算法。
　　Sub 过程如下：

```
Private Sub sort(a() As Integer)
    Dim x As Integer, i As Integer, j As Integer
```

```
    For i=1 To UBound(a)-1
        flag=False                              '标志变量初值置为 False
        For j=1 To UBound(a)-i
            If a(j)>a(j+1) Then
                flag=True                       '发生过交换
                t=a(j+1)：a(j+1)=a(j)：a(j)=t
            End If
        Next j
        If Not flag Then Exit For               '若成立,说明某一轮比较未发
                                                '生位置交换,退出循环
    Next i
End Sub
```

形参说明：a 为需要排序的数组。调用结束通过数组 a 返回排序结果。

2.17　有序数列中插入一个元素

【分析】　假设 a 为一个递增的有序数组,要将一个数插入到该数组中,使插入后的数组仍有序。实现的方法是：首先查找插入的位置 k,然后从 n 到 k 逐一往后移动一个位置,将第 k 个元素的位置腾出,将数据插入;若插入的数最大,则直接插入到最后。

Sub 过程如下：

```
Private Sub Insert(a() As Integer, n As Integer)
    Dim i As Integer , ub As Integer
    ub=UBound(a)
    ReDim Preserve a(ub+1)                      '数组增加一个元素
    For i=ub To 1 Step-1
        If n>=a(i) Then                         '找插入位置
            a(i+1)=n                            '插入
            Exit For
        Else
            a(i+1)=a(i)                         '移位
            If i=1 Then a(i)=n                  '插入到第一个位置
        End If
    Next i
End Sub
```

形参说明：a 为有序的数组,n 为要插入的元素。调用结束通过数组 a 返回结果。

2.18　在数列中删除一个元素

【分析】　假设 a 为一个数组,要将一个数从数组中删除,实现的方法是从数组的第一个元素开始比较,若找到相等的元素,则从找到的元素所在位置开始,将后续元素依次前

移一个位置,最后数组减少一个元素;若没有找到,则输出"该数不存在!"。

Sub 过程如下:

```
Private Sub Delete(a() As Integer, n As Integer)
    Dim i As Integer, ub As Integer
    ub=UBound(a)
    For i=1 To ub
        If n=a(i) Then                          '条件满足,则找到元素
            For j=i To ub-1
                a(j)=a(j+1)                      '移位删除
            Next j
            ReDim Preserve a(ub-1)               '数组减少一个元素
            Exit For
        End If
    Next i
    If i>ub Then Print "该数不存在!"
End Sub
```

形参说明:a 为一个数组,n 为要删除的元素。调用结束通过数组 a 返回结果。

2.19　数组元素的循环移位

【分析】　假设 a 为一个数组,移位分两种情况。一是左移,数组第一个元素先移出(暂存到一个变量中),其余元素依次移位,最后将第一个移出的元素(变量的值)放到数组最后;二是右移,数组最后一个元素先移出,其余元素依次移位,最后将先移出的元素放到数组最前面。

1. 循环左移

Sub 过程一如下:

```
Private Sub Left_Move(a() As Integer, n As Integer)
    Dim i As Integer, k As Integer
    For i=1 To n
        k=a(1)                                  '首先移出最左边元素
        For j=1 To UBound(a)-1
        a(j)=a(j+1)                             '移动其余元素
        Next j
        a(j)=k                                  '最先移出的元素放到最后
    Next i
End Sub
```

形参说明:a 为要移位的数组,n 为要移位的次数。调用结束通过数组 a 返回结果。

2. 循环右移

Sub 过程二如下:

```
Private Sub Right_Move(a() As Integer, n As Integer)
    Dim i As Integer, k As Integer
    For i=1 To n
        k=a(10)                              '首先移出最右边元素
        For j=UBound(a)-1 To 1 Step-1
        a(j+1)=a(j)                          '移动其余元素
        Next j
        a(1)=k                               '最先移出的元素放到最前面
    Next i
End Sub
```

形参说明：a 为要移位的数组，n 为要移位的次数。调用结束通过数组 a 返回结果。

2.20 求数组的最大值及下标

【分析】 求数组元素的最大值分两种情况，一是求一维数组的最大值，二是求二维数组的最大值。两个算法基本相同，将第一个元素作为最大值，然后将其与其余所有元素进行比较，若某元素大于最大值的元素，则将该元素重新作为最大值，同时记录该元素所在下标，直到处理完全部元素。

1. 求一维数组的最大值

Sub 过程一如下：

```
Private Sub amamx(a() As Integer, max As Integer, n As Integer)
    Dim i As Integer
    max=a(1): n=1                            '第一个元素作为最大值
    For i=2 To UBound(a)
        If a(i)>max Then                     '其余元素依次与最大值比较
            max=a(i): n=i                    '记录最大值及下标
        End If
    Next i
End Sub
```

形参说明：a 为要求最大值的一维数组，max 为最大值，n 为最大值的下标。调用结束通过 max 返回最大值，n 返回最大值的下标。

2. 求二维数组的最大值

Sub 过程二如下：

```
Private Sub maxele(a() As Integer, max As Integer, row As Integer, col As Integer)
    max=a(1, 1)                              '1行1列的元素作为最大值
    For i=1 To UBound(a, 1)
        For j=1 To UBound(a, 2)
            If max<=a(i, j) Then             '其余元素依次与最大值比较
                max=a(i, j)                  '记录最大值
```

```
            row=i                              '记录所在的行
            col=j                              '记录所在的列
        End If
      Next j
   Next i
End Sub
```

形参说明：a 为要求最大值的二维数组，max 为最大值，row 为最大值的行下标，col 为最大值的列下标。调用结束通过 max 返回最大值，row、col 返回最大值所在的行与列。

2.21　求矩阵的范数

【分析】　范数是指矩阵各列元素的绝对值之和中最大的数值。算法是首先求出每列元素绝对值并存入一个一维数组中，则问题就变成求一维数组的最大值。

函数过程如下：

```
Private Function fan(a() As Integer) As Integer
   Dim i As Integer, j As Integer
   Dim max As Integer, b() As Integer
   ReDim b(UBound(a, 2))                      '重新声明 b 数组
   For j=1 To UBound(a, 2)
      For i=1 To UBound(a, 1)
         b(j)=b(j)+Abs(a(i, j))               '求每列元素的绝对值和
      Next i
   Next j
   max=b(1)
   For i=2 To UBound(b)
      If b(i)>max Then max=b(i)
   Next i
   fan=max
End Function
```

形参说明：a 为需要求范数的二维数组，调用结束通过 fan 返回结果。

2.22　字符串中筛选数字串

【分析】　由各种字符组成的字符串中筛选出某种字符是常见的操作，Sub 过程一实现由字符串中筛选出数字串。算法是依次从字符串中取出一个字符，若是数字，则将其以字符的形式累加；若不是数字，则取下一个字符。每得到一个数字串，将其存放到数组中，继续这一过程，直至所有字符处理完毕。一种特殊的情况是，分离由逗号分隔的一串数字串，尽管 Sub 过程一可以实现，但也有不同的处理方法，Sub 过程二实现由逗号分隔的一

串数字串中分离出数字串。

1. 字符串中筛选出数字串

Sub 过程一如下：

```
Private Sub search(s As String, p() As Integer)
    Dim i As Integer, t As String * 1
    Dim k As Integer, st As String
    For i=1 To Len(s)
        t=Mid(s, i, 1)                      '取一个字符
        If t<="9" And t>="0" Then           '判断是否是数字
            st=st & t                       '若是数字,将其以字符形式累加起来
        ElseIf st<>"" Then                  '条件满足时,将已累加的数字串存入数组
            k=k+1
            ReDim Preserve p(k)
            p(k)=st                         '存入数组中
            st=""                           '累加变量清空
        End If
    Next i
    If st<>"" Then                          '若字符串最后是数字,则条件成立
        k=k+1
        ReDim Preserve p(k)
        p(k)=st                             '将字符串尾部的数字串存入数组
    End If
End Sub
```

形参说明：s 为要筛选的字符串，p 为存放结果数字串的数组。调用结束通过数组 p 返回结果。

2. 由逗号分隔的数字串中分离出数字

Sub 过程二如下：

```
Private Sub seperate(s As String, p() As Integer)
    Dim k As Integer, n As Integer
    n=InStr(s, ",")                         '查找逗号的位置
    Do While n<>0
        k=k+1
        ReDim Preserve p(k)                 '数组增加一个元素
        p(k)=Left(s, n-1)                   '存入数组中
        s=Mid(s, n+1)                       '从源串中去掉一个数
        n=InStr(s, ",")                     '继续查找逗号的位置
    Loop
    If s<>"" Then                           '条件成立,则 s 中为最后一个数
        k=k+1
        ReDim Preserve p(k)
        p(k)=s                              '存入数组中
```

```
        End If
    End Sub
```

形参说明：s 为要筛选的字符串，p 为存放结果数字串的数组。由于数字串的个数不确定，所以对应形参 p 的实参数组应声明为动态数组。调用结束通过 p 数组返回结果。

2.23   查 找 子 串

【分析】   本过程实现从一个字符串中查找另一个字符串是否存在的功能。查找算法是由第一个字符开始，从源串中取出与查找串等长的字符，若取出的字符与查找串相同，则已找到；若取出的字符与查找串不同，则从下一字符开始继续处理。

函数过程如下：

```
Private Function findstr(s1 As String, s2 As String) As Boolean
    Dim i As Integer, len1 As Integer, len2 As Integer
    Dim s As String
    len1=Len(s1): len2=Len(s2)              '求两个串的长度
    For i=1 To len1-len2+1
        s=Mid(s1, i, len2)                  '从源串中取出与查找串等长的字符
        If s=s2 Then                        '若取出的字符串与查找串相同
            findstr=True                    '找到了查找串
            Exit Function                   '退出函数
        End If
    Next i
End Function
```

形参说明：s1 为源字符串，s2 为要查找的字符串。调用结束通过函数名 findstr 返回结果。

2.24   删除字符串中重复的字符

【分析】   本过程实现从一个字符串中删除相同的字符的功能。给出两种算法：第一种算法是将字符串的每个字符取出存入字符数组中，数组的元素一一比较，若相同则将其删除，最后将已删除相同字符的数组元素拼装成字符串，见 Sub 过程一；第二种算法是直接从字符串第一个字符开始，依次与后面的字符进行比较，若相同则将其放弃，不相同时以字符形式累加起来，见 Sub 过程二。

Sub 过程一如下：

```
Private Sub shanchu(s As String)
    Dim a() As String*1, i As Integer, n As Integer, j As Integer
    Dim y As String, ub As Integer
```

```
        ReDim a(Len(s))
        For i=1 To Len(s)
            a(i)=Mid(s, i, 1)                    '将每一个字符依次存入数组中
        Next i
        ub=UBound(a)
        i=1
        Do While i<=ub-1
            n=i+1
            Do While n<=ub                       '将第 i 个数与后续的每一个数进行比较
                If a(i)=a(n) Then
                    For j=n To ub-1
                        a(j)=a(j+1)              '移位,删除重复的数
                    Next j
                    ub=ub-1
                    ReDim Preserve a(ub)          '数组减少一个元素
                Else
                    n=n+1
                End If
            Loop
            i=i+1
        Loop
        For j=1 To UBound(a)                       '拼接不同的字符为字符串
            y=y & a(j)
        Next j
        s=y
End Sub
```

形参说明：s 为要处理的字符串。调用结束通过 s 返回结果。

Sub 过程二如下：

```
Private Sub del_repeat(s As String)
    Dim k As Integer, j As Integer, d As String
    d=Left(s, 1)                                   '取出第一个字符
    For k=2 To Len(s)
        For j=1 To Len(d)
            If Mid(s, k, 1)=Mid(d, j, 1) Then Exit For    '判断是否相同
        Next j
        If j>Len(d) Then                           '条件成立,则为不同的字符
            d=d & Mid(s, k, 1)                     '拼接不相同的字符
        End If
    Next k
    s=d
End Sub
```

形参说明：s 为要处理的字符串。调用结束通过 s 返回结果。

2.25　查找 ASCII 码值最大的字符

【分析】　本过程查找字符串中 ASCII 值最大的字符。算法是首先将字符串中的每个字符取出存放到数组中,剩下的工作就是在数组中找最大值。

Sub 过程如下:

```
Private Sub maxascii(s As String, m As String, p As Integer)
    Dim a() As String * 1, k As Integer
    Dim w As Integer
    w=Len(s)
    Do                                 '将每个字符取出并存入数组中
        k=k+1
        ReDim Preserve a(k)
        a(k)=Mid(s, k, 1)
    Loop Until k=w
    m=a(1)                             '将第一个字符作为最大的
    For k=2 To w
        If m<a(k) Then
            m=a(k)                     '将最大的字符保存到 m
            p=k                        '记录最大的字符的位置
        End If
    Next k
End Sub
```

形参说明:s 为要处理的字符串,m 为最大的字符,p 为最大字符在字符串中的位置。调用结束通过 m 返回最大的字符,p 返回最大的字符所在的位置。

2.26　进 制 转 换

【分析】　进制转换的程序设计在编程中经常用到。这里给出 4 个相互转换的函数过程与 Sub 过程。

1. 十进制数(不超过 255)转换为二进制数字串

函数过程一如下:

```
Private Function dtb(ByVal n As Integer) As String
    Dim b As Integer, i As Integer, s As String
    Do While n>0
        b=n Mod 2                      '求余数
        s=b & s                        '将余数累加
        n=n\2                          '求商
```

```
    Loop
    For i=1 To 8-Len(s)                    '不够8位,前面补0
        s="0" & s
    Next i
    dtb=s                                  '给函数名赋值
End Function
```

形参说明：n 为要转换的十进制数。调用结束通过函数名 dtb 返回转换后的二进制数字串。

2. 二进制数字串转换为十进制数

函数过程二如下：

```
Private Function convert(s As String) As Integer
    Dim p As String, i As Integer
    Dim k As Integer, t As String * 1
    p=Left(s, 1)                           '左边第一位为符号位
    s=Right(s, Len(s)-1)                   's 为除符号位之外的数字
    For i=Len(s) To 1 Step-1
        t=Mid(s, i, 1)
        convert=convert+t * 2^k            '二进制的每一位乘上权值累加
        k=k+1
    Next i
    If p=1 Then convert= (-1) * convert    '处理符号位
End Function
```

形参说明：s 为要转换的二进制数字串。调用结束通过函数名 convert 返回转换后的十进制数。

3. 任意进制数字串转换为十进制数

函数过程三如下：

```
Private Function rtd(s As String, n As Integer) As Single
    Dim ch As String * 1, L As Integer, k As Integer, point As Integer
    Const st As String="0123456789ABCDEF"
    If InStr(1, s, ".")=0 Then             '条件成立,为整数
        L=Len(s)
    Else
        L=InStr(1, s, ".")-1
    End If
    point=1
    Do While point<=Len(s)
        ch=UCase(Mid(s, point, 1))         '串中取出一个字符
        If ch<>"." Then
            k=InStr(1, st, ch)-1           '查表转换
            L=L-1
            rtd=rtd+k * n^L                '每一位乘上权值累加
```

```
        End If
        point=point+1
    Loop
End Function
```

形参说明：s 为要转换的二进制数字串，n 为进制数。调用结束通过函数名 convert 返回转换后的十进制数。

4. 十进制整数转换为其他进制数字串

Sub 过程如下：

```
Private Sub dtr (x As Integer, n As Integer, y As String)
    Dim m As Integer, ch As String
    ch="0123456789ABCDEF"
    Do While x>0
        m=x Mod n                        '求余数
        x=x\n                            '求商
        y=Mid(ch, m+1, 1)+y              '查表转换,并逆序累加到 y
    Loop
End Sub
```

形参说明：x 为要转换的十进制数，n 为要转换的进制，y 为结果串。调用结束通过 y 返回转换后的数字串。

第 3 部分 模拟试题

Visual Basic 模拟试题 1

一、选择题

1. 不能打开代码窗口的操作是_____。
   A. 双击窗体设计器的任何地方
   B. 按 F4 键
   C. 单击工程资源管理器窗口中的"查看代码"按钮
   D. 选择"视图"菜单中的"代码窗口"命令

2. 在 VB 中可以作为容器的是_____。
   A. Form、TextBox、PictureBox
   B. Form、PictureBox、Frame
   C. Form、TextBox、Label
   D. PictureBox、TextBox、ListBox

3. 在 VB 中,下列关于控件的属性或方法中,搭配错误的有_____个。
   ① Timer1. Interval   ② List1. Cls   ③ Text1. Print
   ④ List1. RemoveItem   ⑤ VScroll1. Value   ⑥ Picture1. Print
   A. 0   B. 1   C. 2   D. 3

4. 在程序中可以通过复选框和单选按钮的_____属性值来判断它们的当前状态。
   A. Caption   B. Value   C. Selected   D. Checked

5. 以下使用方法的代码中,正确的是_____。
   A. Label1. SetFocus
   B. Form1. Clear
   C. Text1. SetFocus
   D. Cmb1. Cls

6. 下列窗体名中哪个是合法的?_____
   A. _aform   B. 2frm   C. f_1   D. frm 3

7. 代数表达式 $\ln\left|\dfrac{e^{\pi}+\sin^3 x}{x+y}\right|$ 对应的 VB 表达式是_____。
   A. Log(Abs((Exp(3. 14159)+Sin(x)^3)/(x+y)))
   B. Ln(Abs((Exp(3. 14159)+Sin(x)^3)/(x+y)))
   C. Log(Abs(Exp(3. 14159)+Sin(x)^3)/(x+y))
   D. Log|(Exp(3. 14159)+Sin(x)^3)/x+y|

8. 下列表达式中值为 True 的是_____。

A. UCase("abcd")>="abcd"

B. 14/2\3>10 Mod 4

C. Mid("ABCD",2,2)>Left("ABCD",2)

D. Not(Sqr(4)−3>=−2)

9. 求一个三位整数 n 的十位数的正确方法是_____。

A. Int(n−Int(n/100) * 100)　　　　B. Int(n/10)−Int(n/100)

C. n−Int(n/100) * 100　　　　　　 D. Int(n/10)−Int(n/100) * 10

10. 在某过程中已说明变量 a 为 Integer 类型、变量 s 为 String 类型,过程中的以下 4 组语句中,不能正常执行的是_____。

A. s=2 * a+1　　　　　　　　　　B. s="237" & ".11":a=s

C. s=2 * a>3　　　　　　　　　　D. a=2:s=16400 * a

11. 在 Select Case x 结构中,描述判断条件 3≤X≤7 的测试项应该写成_____。

A. Case 3 To 7　　　　　　　　　B. Case 3<=X,X<=7

C. Case Is<=7,Is>=3　　　　　　 D. Case 3<=X<=7

12. 以下语句中不能正确执行的是_____。

A. If Option1. Value Then　　　　B. If Option1. Value=True Then

C. Check1. Value=0　　　　　　　D. Check1. Value=True

13. 下面有关数组处理的叙述中错误的是_____。

① 在过程中用 ReDim 语句定义的动态数组,其下标的上下界可以为赋了值的变量

② 在过程中,可以使用 Dim、Private 和 Static 语句定义数组

③ 用 ReDim 语句重新定义动态数组时,不得改变该数组的数据类型

④ 可用 Public 语句在窗体模块的通用说明处定义一个全局数组

A. ②④　　　　　B. ①③④　　　　　C. ①②③　　　　　D. ①②③④

14. 若在模块中用 Private Function Fun(a As Single, b As Integer) As Integer 定义了函数 Fun。调用函数 Fun 的过程中定义了 i、j 和 k 这 3 个 Integer 型变量,则下列语句中不能正确调用函数 Fun 的语句是_____。

A. Fun 3. 14, j　　　　　　　　　B. Call Fun(i, 365)

C. Fun (i), (j)　　　　　　　　　 D. k=Fun("24", "35")

15. Visual Basic 6.0 的菜单除了可通过鼠标单击打开外,也可以用键盘打开,以下操作方法正确的是_____。

A. 按菜单项后面括号中的字母键

B. 先按 F10 或 Alt 键,然后再按菜单项后面括号中的字母键

C. 按 Shift 键+菜单项后面括号中的字母键

D. 按 Ctrl 键+菜单项后面括号中的字母键

二、填空题

1. 执行下面的程序,当单击窗体时,在窗体上输出结果的第一行是 __(1)__ ,第二行

是___(2)___,第四行是___(3)___。

```
Private Sub Form_Click()
    Dim a(2, 2) As Integer, i As Integer, j As Integer
    Dim k As Integer
    For i=1 To 2
        For j=1 To 2
            a(i, j)=(i-1)*2+j
            Print a(i, j);
        Next j
        Print
    Next i
    k=(i-1)*2
    For i=1 To 2
        For j=1 To 2
            a(i, j)=k
            k=k-1
            Print a(i, j);
        Next j
        Print
    Next i
End Sub
```

2. 执行下面程序,当单击命令按钮 Command1 后,在窗体上输出的第一行是___(4)___,第二行是___(5)___。

```
Private Sub Command1_Click()
    Dim s As String, t As String
    Dim k As Integer, m As Integer
    s="abcde"
    k=1: m=k
    For k=1 To Len(s) Step m+1
        t=t & Chr(Asc(Mid(s, m, 1))+k)
        k=k+1
        If Mid(s, k, 1)="e" Then Exit For
        m=m+k
        Print t
    Next k
    Print m
End Sub
```

3. 执行下面程序段,当单击命令按钮时,输出的第一行是___(6)___,第三行是___(7)___。

```
Private Sub Command1_Click()
    Dim x As Integer, y As Integer, m As Integer
```

```
    y=2
    For x=1 To 8 Step y
        m=x+y
        Call sub1(m, x)
        Print m;x
    Next x
End Sub
Private Sub sub1(ByVal a As Integer, b As Integer)
    a=a+b
    b=b+1
End Sub
```

4. 执行下面的程序,当单击窗体时,输出的第一行是___(8)___,第二行是___(9)___,第三行是___(10)___。

```
Private Sub Form_click()
    Dim a As Integer, i As Integer
    a=2
    For i=1 To 9
        Call Sub1(i, a)
        Print i;a
    Next i
End Sub
Private Sub Sub1(x As Integer, y As Integer)
    Static n As Integer
    Dim i As Integer
    For i=3 To 1 Step-1
        n=n+x
        x=x+1
    Next i
    y=y+n
End Sub
```

5. 运行下面的程序,当单击命令按钮 Command1 时,窗体上显示的第一行是___(11)___,第三行是___(12)___,第四行是___(13)___。

```
Private Sub Command1_Click()
    Print Test(3)
End Sub
Private Function Test(t As Integer)As Integer
    Dim i As Integer
    If t>=1 Then
        Call Test(t-1)
        For i=3 To t Step-1
            Print Chr(Asc("A")+i);
        Next i
```

```
        Print
      End If
    Test=t
End Function
```

6. 下面程序的功能是输出 200 以内能被 4 整除且个位数为 8 的所有整数,要求每行输出 3 个。请完善程序。

```
Private Sub Form_Click()
    Dim a As Integer, b As Integer, n As Integer
    For a=0 To 19
        b=a * 10+8
        If    (14)    Then
            Print b;
            n=n+1
            If n Mod 3=0 Then    (15)
        End If
    Next a
End Sub
```

7. 下面程序的功能是利用无穷级数求 $\cos(x)$ 的近似值。已知:

$$\cos(x)=1-\frac{x^2}{2!}+\frac{x^4}{4!}-\frac{x^6}{6!}+\cdots+(-1)^n\frac{x^{2n}}{(2n)!}+\cdots,n=0,1,2,\cdots。$$ 当第 n 项的绝对值小于等于 10^{-7} 时计算为止。请完善程序。

```
Private Sub Command1_Click()
    Dim x As Single, n As Integer
    Dim a As Single, sum As Single
    x=Text1
      (16)
    a=1
    n=1
    Do
        a=-a
        a=    (17)
        sum=sum+a
        n=n+1
    loop until    (18)
    Text2=sum
End Sub
```

8. 下面的程序是从一个由字母与数字相混的字符串中选出数字串,并把数字串构成的数输出到一个列表框中。请将程序补充完整。

```
Private Sub Command1_Click()
    Dim s As String, k As Integer, c() As Integer
```

```
        Dim p As String, i As Integer
        s=Trim(Text1.Text)
        For i=1 To Len(s)
            If Mid(s, i, 1)>="0" And Mid(s, i, 1)<="9" Then
                p=  (19)
            Else
                If p<>"" Then
                    k=k+1
                    ReDim Preserve c(k)
                     (20)
                    p=""
                End If
            End If
        Next i
         (21)
        ReDim Preserve c(k)
        c(k)=p
        For i=1 To k
            List1.AddItem c(i)
        Next i
    End Sub
```

9. 下面程序的功能是求[1,500]之间的红玫瑰数。所谓红玫瑰数是指一个正整数 n 的所有因子之和等于 n 的倍数,则称 n 为红玫瑰数。如 28 的因子之和为 $1+2+4+7+14=28$,所以 28 是红玫瑰数。请完善程序。

```
Option Explicit
Private Sub Form_Click()
    Dim n As Integer, i As Integer, sum As Integer
    For n=1 To 500
         (22)
        For i=1 To n/2
            If n Mod i=0 Then
                sum=sum+i
            End If
        Next i
        If   (23)   Then
            Print n;
        End If
    Next n
End Sub
```

10. 下面程序的功能是以每行 5 个的形式输出[20,80]之间的全部素数。请完善程序。

```
Private Sub Form_Click()
    Dim i As Integer, k As Integer
    For i=20 To 80
        If    (24)    Then
            Print i;
            k=k+1
            If k Mod 5=0 Then Print
        End If
    Next i
End Sub
Private Function prime(x As Integer) As Boolean
    Dim i As Integer
    For i=2 To Int(Sqr(x))
        If x Mod i=0 Then
            (25)
        End If
    Next i
    prime=True
End Function
```

Visual Basic 模拟试题 1 参考答案

一、选择题

1. B   2. B   3. C   4. B   5. C   6. C   7. A   8. C
9. D   10. D   11. A   12. D   13. A   14. B   15. B

二、填空题

(1) 1   2

(2) 3   4

(3) 2   1

(4) b

(5) 3

(6) 3   2

(7) 9   8

(8) 4   8

(9) 8   32

(10) 12   86

(11) DCB

(12) D

(13) 3

(14) b Mod 4＝0

(15) Print

(16) sum＝1

(17) a＊x＾2/((2＊n－1)＊2＊n)

(18) Abs(a)＜0.0000001 或 Abs(a)＜1e－7

(19) p & Mid(s, i, 1)

(20) c(k)＝p

(21) k＝k+1

(22) sum＝0

(23) sum Mod n＝0

(24) prime(i)或 prime(i)＝True

(25) Exit Function

Visual Basic 模拟试题 2

一、选择题

1. 不能打开属性窗口的操作是_____。

    A. 单击工具栏中的"属性窗口"按钮

    B. 选择"视图"菜单中的"属性窗口"命令

    C. 在对象上右击,从弹出的快捷菜单中选择"属性窗口"命令

    D. 选择"工程"菜单中的"属性窗口"命令

2. 对于某对象的 SetFocus 和 GotFocus 描述正确的是_____。

    A. SetFocus 是方法,GotFocus 是事件

    B. SetFocus 是事件,GotFocus 是事件

    C. SetFocus 是方法,GotFocus 是方法

    D. SetFocus 是事件,GotFocus 是方法

3. 以下所列的 6 个对象中,具有 Caption 属性的有_____个。

    PictureBox(图片框)、Frame(框架)、OptionButton(单选按钮)、ListBox(列表框)、TextBox(文本框)、Form(窗体)

    A. 3   B. 4   C. 2   D. 5

4. 代数表达式为 $\dfrac{e^{a+b}+\sqrt{|a+b|}}{2\pi+4}$,其对应的 VB 表达式是_____。

    A. E＾(a+b)＋|a+b|＾1/2/(2＊π+4)

    B. (Exp(a+b)＋sqr(abs(a+b)))/(2＊3.14＋4)

    C. (Exp(a+b)＋sqr(abs(a+b)))/(2＊π＋4)

D. E^(a+b)＋|a+b|^1/2/(2＊3.14＋4)

5. 设 str1 和 str2 均为字符串型变量,str1＝"Visual Basic",str2＝"b",则下列关系表达式中结果为 True 的是_____。

    A. Mid(str1,8,1)＞Str2

    B. Len(Str1)＜＞2＊Instr(Str1,"l")

    C. Chr(66) & Right(Str1,4)＝"Basic"

    D. Instr(Left(Str1,6),"a")＋60＞Asc(Ucase(Str2))

6. 在窗体模块的通用声明处有如下语句,会产生错误的语句是_____。

    ① Const A As Integer＝25   ② Public St As String＊8

    ③ ReDim B(3)As Integer   ④ Dim Const X As Integer＝10

    A. ①②   B. ①③   C. ②③④   D. ①②③

7. 在窗体模块的通用声明段中声明变量时,不能使用_____关键字。

    A. Dim   B. Public   C. Private   D. Static

8. $x+y$ 小于 10 且 $x-y$ 要大于 0 的逻辑表达式是_____。

    A. x＋y＜10,x－y＞0   B. (x＋y＜10)(x－y＞0)

    C. x＋y＜10 x－y＞0   D. x＋y＜10 And x－y＞0

9. 下列语句运行时系统给出错误提示的是_____。

    A. Print －32000－769   B. Print "1E2"＋8

    C. Print "AB" & 128   D. Print 3＝2＝4

10. 以下语句中,不能正确执行的是_____。

    A. If Option1.Value Then   B. If Option1.Value＝True Then

    C. Check1.Value＝0   D. Check1.Value＝True

11. 以下有关 ReDim 语句用法的说明中,错误的是_____。

    A. ReDim 可用于定义一个新数组

    B. ReDim 语句既可以在过程中使用,也可以在模块的通用声明处使用

    C. 无 Perserve 关键字的 ReDim 语句,可重新定义动态数组的维数

    D. 在 ReDim 语句中,可使用变量说明动态数组的大小

12. 定义两个过程 Private Sub1(St() As String)和 Private Sub2(Ch() As String＊6),在调用过程中用 Dim S(3) As String＊6,A(3) As String 定义了两个字符串数组。下面调用语句中正确的有_____。

    ① Call Sub1(S)   ② Call Sub1(A)   ③ Call Sub2(A)   ④ Call Sub2(S)

    A. ①②   B. ①③   C. ②④   D. ②③

13. 在程序中将变量 I、T、S、D 分别定义为 Integer 类型、Boolean 类型、String 类型和 Date 类型,下列赋值语句正确的是_____。

    A. S＝5＋"abc"   B. T＝#True#

    C. I＝"345"＋"67"   D. D＝#10/05/10#

14. 运行下面程序,单击命令按钮 Command1,则立即窗口上显示的结果是_____。

```
Private Sub Command1_Click()
```

```
Dim A As Integer, B As Boolean, C As Integer, D As Integer
A=20/3 : B=True : C=B : D=A+C
Debug. Print A, D, A=A+C
End Sub
```

A. 7　6　False
B. 6.6　5.6　False
C. 7　6　A＝6
D. 7　8　A＝8

15. 下列关于文件的叙述中错误的是_____。

A. 用 Output 模式打开一个顺序文件,即使不对它进行写操作,原来的内容也被清除

B. 可以用 Print♯语句或 Write♯语句将数据写到顺序文件中

C. 若以 Output、Append、Random、Binary 方式打开一个不存在的文件,系统会出错

D. 顺序文件或随机文件都可以用二进制访问模式打开

二、填空题

1. 执行下面的程序后,a(1,3)的值是 __(1)__ ,a(2,2)的值是 __(2)__ ,a(3,1)的值是
__(3)__ 。

```
Private Sub Form_Click()
    Dim a(3, 3) As Integer, i As Integer
    Dim j As Integer, k As Integer, n As Integer
    n=9
    For k=5 To 1 Step-1
        If k>=3 Then
            For i=1 To 6-k
                a(k-3+i, i)=n
                n=n-1
            Next i
        Else
            For i=1 To k
                a(k-i+1, 3-i+1)=n
                n=n-1
            Next i
        End If
    Next k
    For k=1 To 3
        For i=1 To 3
            Print a(k, i);
        Next i
        Print
    Next k
End Sub
```

2. 执行下面的程序,当单击窗体时,在窗体上显示的输出结果的第一行是___(4)___,第二行是___(5)___。

```
Option Explicit
Private Sub Form_click()
    Dim i As Integer, j As Integer
    j=10
    For i=1 To j
        i=i+1
        j=j-1
    Next i
    Print i
    Print j
End Sub
```

3. 执行下面的程序,当单击窗体时,在窗体上显示的第一行是___(6)___,第二行是___(7)___。

```
Private Sub Command1_Click()
    Dim s As String, i As Integer, s1 As String, s2 As String
    Const Ch As String="0123456789."
    s="2L0A10U.0SI6V.30"
    For i=1 To Len(s)
        If InStr(Ch, Mid(s, i, 1))=0 Then
            s1=Mid(s, i, 1) & s1
        Else
            s2=s2 & Mid(s, i, 1)
        End If
    Next i
    Print s1
    Print s2
End Sub
```

4. 执行下列程序,当单击命令按钮时,窗体上输出的第一行是___(8)___,第二行是___(9)___,第三行是___(10)___。

```
Private Sub Command1_click()
    Dim x As Integer, i As Integer
    x=2
    For i=1 To 13
        x=x*i
        Print fun1(x, i)
    Next i
End Sub
Private Function fun1(x As Integer, y As Integer) As Integer
    y=y+x
```

```
        fun1=y\2
End Function
```

5. 执行下面的程序,当单击窗体时,输出的第一行是___(11)___,第二行是___(12)___。

```
Private Sub Form_click()
    Dim i As Integer, j As Integer
    i=1: j=2
    Call test((i), j)
    Print i; j
    Call test(i, j)
    Print i; j
End Sub
Private Sub test(m As Integer, n As Integer)
    Static t As Integer
    m=m+n
    n=n+m+t
    t=t+m
End Sub
```

6. 下面程序的功能是使用一维数组利用移位的方法输出图 3.1 所示的结果。请完善程序。

```
Private Sub Form_click()
    Dim a(1 To 7) As Integer, i As Integer, j As Integer, t As Integer
    For i=1 To 7
        a(i)=i
        Print a(i);
    Next i
    Print
    For i=1 To 7
        t=___(13)___
        For j=6 To 1 Step-1
            ___(14)___
        Next j
        ___(15)___
        For j=1 To 7
            Print a(j);
        Next j
        Print
    Next i
End Sub
```

图 3.1　移位输出

7. 下面程序是计算表达式

$$S = 1 - \frac{2x}{x^2} + \frac{3x}{x^3} - \frac{4x}{x^4} + \frac{5x}{x^5} - \frac{6x}{x^6} + \cdots, \quad x > 1$$

要求计算精度为第 n 项的绝对值小于 10^{-5}。请完善程序。

```
Private Sub Command1_Click()
    Dim x As Integer, n As Integer
    Dim s As Single, t As Single, m As Integer
    s=1
    x=Text1.Text
    ___(16)___
    m=1
    Do
        n=n+1
        m=-m
        t=___(17)___
        If Abs(t)<0.00001 Then ___(18)___
        s=s+t
    Loop
    Text2.Text=Str(s)
End Sub
```

8. 下面程序的功能是将一位整数转换为二进制形式的字符串,如果字符串长度小于 4,将在其前面补"0"至 4 位。完善下列程序。

```
Private Sub Command1_Click()
    Dim t As Integer, b As String, k As Integer
    t=InputBox("输入一位整数")
    Do Until t=0
        k=___(19)___
        b=CStr(k) & b
        t=t\2
    Loop
    If ___(20)___ Then
        b="0000" & b
        b=Right(b, 4)
    End If
    Print b
End Sub
```

9. 下面程序是找出 $[2,100]$ 之间全部幸运数之和。所谓幸运数是指一个正整数有偶数个因子,则称该数为幸运数。如 4 有 1 和 2 两个因子,故 4 是幸运数。请完善程序。

```
Private Sub Form_Click()
    Dim i As Integer, k As Integer, sum As Integer
    For i=2 To 100
        ___(21)___
        For j=1 To i/2
            If i Mod j=0 Then
```

```
            k=k+1
        End If
    Next j
    If    (22)    Then
        sum=sum+i
    End If
Next i
Print sum
End Sub
```

10. 下面程序是从键盘上输入 10 个无序数,去掉一个最大数和最小数,然后求其平均值。请将程序补充完整。

```
Option Explicit
Private Sub Form_Click()
    Dim aver As Single, max As Integer, x As Integer, j As Integer
    Dim min As Integer, Sum As Integer
    x=InputBox("输入第 1 个数")
    max=x: min=x: Sum=x
    For j=2 To 10
        x=InputBox("输入第" & Str(j) & "个数")
         (23)
        If x<min Then
            min=x
        ElseIf max<x Then
             (24)
        End If
    Next j
     (25)
    aver=Sum/8
    Print "去掉最大数和最小数后平均值="+Str(aver)
End Sub
```

Visual Basic 模拟试题 2 参考答案

一、选择题

1. D   2. A   3. A   4. B   5. C   6. C   7. D   8. D
9. A   10. D   11. B   12. C   13. D   14. A   15. C

二、填空题

(1) 1

(2) 5

(3) 9

(4) 11

(5) 5

(6) VISUAL

(7) 2010.06.30

(8) 1

(9) 6

(10) 58

(11) 1　5

(12) 6　14

(13) a(7)

(14) a(j+1)=a(j)

(15) a(j+1)=t

(16) n=1

(17) m＊n/x^(n-1) 或 m＊n＊x/x^n

(18) Exit Do

(19) t Mod 2

(20) Len(b)＜4

(21) k=0

(22) k Mod 2=0

(23) Sum=Sum+x

(24) max=x

(25) Sum=Sum-max-min

Visual Basic 模拟试题 3

一、选择题

1. 在以下有关对象属性的叙述中,错误的是_____。

　　A. 一个对象的属性可分为外观、行为等若干类

　　B. 不同属性可能具有不同的数据类型

　　C. 一个对象的所有属性都可在属性窗口的列表中进行设置

　　D. 属性窗口中的属性列表既可按字母排列也可按类别排列

2. 多窗体程序由多个窗体组成。在默认情况下,VB 在执行应用程序时,总是把_____指定为启动窗体。

　　A. 不包含任何控件的窗体　　　　　　B. 设计时的第一个窗体

C. 命名为 Frm1 的窗体　　　　　　　D. 包含控件最多的窗体

3. 应用程序窗体的名称属性为 Frm1，窗体上有一个命令按钮，其名称属性为 Cmd1，窗体和命令按钮的 Click 事件过程名分别为_____。

  A. Form_Click(),Command1_Click()

  B. Frm1_Click(),Command1_Click()

  C. Form_Click(),Cmd1_Click()

  D. Frm1_Click(),Cmd1_Click()

4. VB 中除窗体能显示图片外，下面列出的控件中可以显示图片的控件是_____。

  ① PictureBox   ② Image   ③ TextBox

  ④ CommandButton ⑤ OptionButton ⑥ Label

  A. ①②③④   B. ①②⑤⑥ C. ①②④⑤ D. ①②④⑥

5. 以下所列的 6 个对象中，具有 Caption 属性的有_____个。

  PictureBox(图片框)、Frame(框架)、OptionButton(单选按钮)

  ListBox(列表框)、TextBox(文本框)、Form(窗体)

  A. 3   B. 4   C. 2   D. 5

6. 代数表达式 $\sqrt{\dfrac{x+\ln x}{a+b}}+e^{-t}+\sin\left(\dfrac{x+y}{2}\right)$，对应的 Visual Basic 表达式是_____。

  A. Sqr((x+Log(x))/(a+b))+Exp(−t)+Sin((x+y)/2)

  B. Sqr(x+Log(x))/(a+b))+Exp(−t)+Sin((x+y)/2)

  C. Sqr((x+Ln(x))/(a+b))+Exp(−t)+Sin(x+y)/2)

  D. Sqr((x+Log(x))/(a+b))+Exp(−t)+Sin(x+y)/2)

7. 下面表达式的值为 True 的是_____。

  A. Mid("Visual Basic",1,12)＝Right("Programming Language Visual Basic",12)

  B. "ABCRG"＞"abcde"

  C. Int(134.69)＞＝Cint(134.69)

  D. 78.9/32.77＜＝97.5/43.97 And −45.4＞−4.98

8. 产生[10,40]之间的随机整数的 VB 表达式是_____。

  A. Int(Rnd * 30)+10   B. Int(Rnd * 31)+10

  C. Int(Rnd * 30)+11   D. Int(Rnd * 30)+12

9. 设整型变量 a、b 的当前取值分别为 200 与 20，以下赋值语句中不能正确执行的是_____。

  A. Text1＝a/b * a   B. Text1＝a & b & a

  C. Text1＝"200" * a/b   D. Text1＝a * a/b

10. 针对语句 If I＝1 Then J＝1，下列说法正确的是_____。

  A. I＝1 和 J＝1 均为赋值语句

  B. I＝1 和 J＝1 均为关系表达式

  C. I＝1 为关系表达式，J＝1 为赋值语句

  D. I＝1 为赋值语句，J＝1 为关系表达式

11. 在窗体模块的通用声明处使用下面的语句会产生错误的是_____。

① Const A As Integer＝25 　　② Public St As String＊8

③ ReDim B(3)As Integer 　　④ Dim Const X As Integer＝10

A. ①② 　　　　B. ①③ 　　　　C. ①②③ 　　　　D. ②③④

12. 下列定义 Sub 过程的语句中正确的是_____。

① Private Sub Test(St As String＊8)

② Private Sub Test(Sarray() As String＊5)

③ Private Sub Test(Sarray() As String)

④ Private Sub Test(St As String)

A. ①② 　　　　B. ②③④ 　　　　C. ①④ 　　　　D. ①②③④

13. 在窗体模块的通用声明处用下面的语句声明变量、数组,正确语句有_____个。

① Public A(5) As Integer 　　② Public N As Integer

③ Public St As String＊10 　　④ Private b() As Integer

A. 2 　　　　B. 3 　　　　C. 4 　　　　D. 1

14. 下面语句中,可以在窗体上绘制正方形的语句是_____。

① Shape1. Shape＝1 　　② Line(500,1500)－(1200,2000)

③ Shape1. Shape＝0 　　④ Line(500,1500)－(1000,2000)

A. ③② 　　　　B. ①④ 　　　　C. ③④ 　　　　D. ①②

15. 假设有一个菜单项,其名为 Menu1,为了在运行时使该菜单项失效(变灰),应使用的语句是_____。

A. Menu1. Visible＝False 　　　　B. Menu1. Visible＝True

C. Menu1. Enabled＝False 　　　　D. Menu1. Enabled＝True

二、填空题

1. 执行下面的程序后,$a(3,2)$的值是__(1)__,$a(3,3)$的值是__(2)__,$a(3,4)$的值是__(3)__。

```
Option Base 1
Dim a() As Integer
Private Sub Form_Click()
    Dim i As Integer, j As Integer
    ReDim a(3, 2)
    For i=1 To 3
        For j=1 To 2
            a(i, j)=i * 2+j
        Next j
    Next i
    ReDim a(3, 4)
    For j=3 To 4
        a(3, j)=j+9
```

```
        Next j
    End Sub
```

2. 执行下面的程序,当单击窗体时,显示在窗体上第一行的是___(4)___,第二行的是
___(5)___。

```
Private Sub Command1_Click()
    Dim x As Integer, k As Integer
    x=123
    k=2
    Do Until x<=1
        If x Mod k=0 Then
            x=x\k
            List1.AddItem Str(k)
        Else
            k=k+1
        End If
    Loop
End Sub
```

3. 下列程序执行后,当单击命令按钮时,窗体显示的第一行是___(6)___,第二行是
___(7)___,第三行是___(8)___。

```
Private Sub Command1_Click()
    Dim i As Integer, j As Integer
    i=2: j=3
    Print fun(i, j)
    Print i; j
    Print fun(i, j)+i+j
End Sub
Private Function fun(ByVal a As Integer, b As Integer) As Integer
    a=a+b
    b=a+b
    fun=a+b
End Function
```

4. 执行下面的程序,当单击窗体时,输出的第一行是___(9)___,第二行是___(10)___。

```
Private Sub Form_Click()
    Dim a As Integer, b As Integer, c As Integer
    a=1: b=3: c=2
    Call P1(a, b)
    Print a; b; c
    Call P1(b, a)
    Print a; b; c
End Sub
```

```
Private Sub P1(x As Integer, ByVal y As Integer)
    Static z As Integer
    x=x+z
    y=x-z
    z=10-y
End Sub
```

5. 执行下面的程序,当单击窗体时,在窗体上显示的输出结果的第一行是___(11)___,
第二行是___(12)___。

```
Private Sub Form_Click()
    Dim a As Integer
    a=3
    Call Sub1(a)
End Sub
Private Sub Sub1(x As Integer)
    x=x*2+1
    If x<10 Then
        Call Sub1(x)
    End If
    x=x*2+1
    Print x
End Sub
```

6. 下面程序的功能是计算下列级数的值,忽略绝对值小于 10^{-8} 的项。

$$f(x) = 1 - \frac{x}{1!} + \frac{x^2}{2!} - \frac{x^3}{3!} + \cdots + (-1)^n \frac{x^n}{n!} + \cdots$$

请完善程序。

```
Private Function fac(n As Integer) As Single
    If n=0 Then
        ___(13)___
    Else
        fac=n*fac(n-1)
    End If
End Function
Private Sub Command1_Click()
    Dim x As Single, y As Single, t As Single, n As Integer
    Const eps=0.00000001
    x=Text1.Text
    y=1
    p=1
    n=1
    Do
        p=___(14)___
```

```
        t=p/fac(n)
        n=n+1
        y=y+t
    Loop While    (15)
    Text2=y
End Sub
```

7. 下面程序的功能是找出 1～100 之间的所有孪生素数。所谓孪生素数就是若两个素数之差为 2,则这两个素数就是一对孪生素数。请完善程序。

```
Private Function fun1(x As Integer) As Boolean
    For i=2 To    (16)
        If x Mod i=0 Then
            fun1=False
              (17)
        End If
    Next i
    fun1=True
End Function
Private Sub command1_Click()
    Dim x As Integer, S As String
    For x=3 To 97
        If fun1(x) And    (18)    Then
            Print x & "和" & x+2 & "是孪生素数"
        End If
    Next x
End Sub
```

8. 下面程序的功能是找出由两个不同数字组成的平方数,并将结果按图 3.2 中的格式显示在列表框 List1 中。请完善程序。

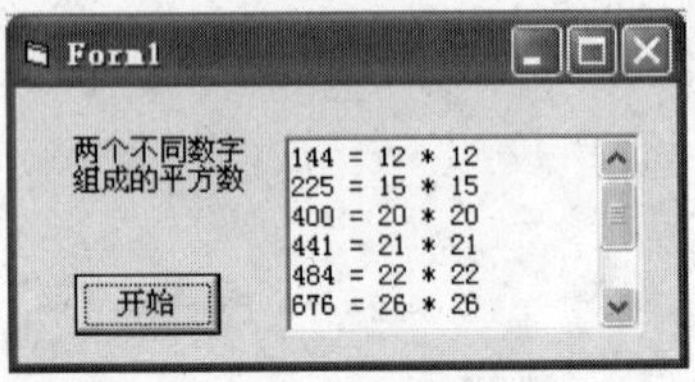

```
Option Explicit
Private Sub Command1_Click()
    Dim i As Long, n As Long
    For i=11 To 300
        n=    (19)
        If Verify(n) Then
            List1.AddItem Str(n) & "=" & Str(i) & "*" & Str(i)
        End If
    Next i
End Sub
Private Function Verify(ByVal n As Long)    (20)
    Dim a(0 To 9) As Integer, i As Integer, js As Integer
    Do While n<>0
        a(n Mod 10)=1
          (21)
```

图 3.2   找平方数

```
        Loop
        For i=0 To 9
            js=js+a(i)
        Next i
        If js=2 Then Verify=___(22)___
End Function
```

9. 下面程序的功能是找出一个最小整数,其被 13、23、33 整除后余数分别为 1、2、3。请完善程序。

```
Private Sub Command1_Click()
    Dim i As Integer, flag As Boolean
    i=35
    ___(23)___
    Do
        ___(24)___
        If i Mod 13=1 And i Mod 23=2 And i Mod 33=3 Then
            Print i
            flag=True
        End If
    Loop ___(25)___
End Sub
```

Visual Basic 模拟试题 3 参考答案

一、选择题

1. C   2. B   3. C   4. C   5. A   6. A   7. A   8. B
9. D   10. C   11. D   12. B   13. A   14. B   15. C

二、填空题

(1) 0

(2) 12

(3) 13

(4) 3

(5) 41

(6) 13

(7) 28

(8) 48

(9) 1   3   2

(10) 1   12   2

(11) 31

(12) 63

(13) fac＝1

(14) －p

(15) Abs(t) ＞ eps

(16) Sqr(x) 或 x－1 或 x\2

(17) Exit Function

(18) fun1(x＋2)

(19) i＊i

(20) As Boolean

(21) n＝n\10

(22) True

(23) flag＝False

(24) i＝i＋1

(25) Until flag 或 Until flag＝ True

Visual Basic 模拟试题 4

一、选择题

1. 在过程中可以用下面_____语句声明变量。

    A. Dim、Private   B. Dim、Static

    C. Dim、Public   D. Dim、Static、Private

2. 窗体上有多个控件，在 Form_Activate() 事件过程中添加_____语句，就可确保每次运行程序时，都将光标定位在文本框 Text1 上。

    A. Text1. Text＝""   B. Form1. SetFocus

    C. Text1. SetFocus   D. Text1. Visible＝True

3. VB 中除窗体能显示图形外，下面列出的控件中可以显示图形的控件是_____。

    ① PictureBox   ② Image   ③ TextBox

    ④ CommandButton   ⑤ OptionButton   ⑥ Label

    A. ①②③④   B. ①②④⑤   C. ①②⑤⑥   D. ①②④⑥

4. 使用_____方法可将新的列表项添加到一个列表框中。

    A. AddItem   B. Print   C. Clear   D. RemoveItem

5. 以下_____情况不会进入中断状态。

    A. 在程序运行中，按 Ctrl＋C 键

    B. 程序运行中，发生了运行错误

    C. 用户在程序中设置了断点，当程序运行到断点时

D. 采用单步调试方式,每运行一个可执行代码行后

6. 以下表达式中,能够被正确计算的表达式有_____个。

① 4096 * 2^3   ② CInt(5.6) * 5461+2

③ 6553 * 5+0.5 * 6   ④ 32768+12

A. 4   B. 3   C. 2   D. 1

7. 计算下面的表达式,其值是_____。

CInt(-3.5) * Fix(-3.81)+Int(-4.1) * (5 Mod 3)

A. 2   B. 1   C. -1 D. 6

8. 以下有关变量说明的叙述中错误的是_____。

A. Private 语句只能用于说明模块级变量

B. Dim 语句既可用于说明变量的类型,也可以说明数组的类型

C. Static 语句用于在过程中说明静态变量

D. 工程中没有说明类型的变量都是不能使用的、不合法的

9. 数学式 $\left| \dfrac{e^x + \sin^3 x}{\sqrt{x+y}} \right|$ 所对应的正确 VB 算术表达式是_____。

A. Abs(e^x+Sinx^3/Sqr (x+y))

B. Abs((e^x+Sinx^3)/Sqr(x+y))

C. Abs((Exp(x)+Sin x^3)/Sqr(x+y))

D. Abs((Exp(x)+Sin(x)^3)/Sqr(x+y))

10. 变量 S 为字符型,若在文本框 Text1、Text2 中分别输入数字 17 与 29 后,再执行以下语句,S 的值为"46"的是_____。

A. S=Text1. Text & Text2. Text

B. S=Text1. Text+Text2. Text

C. S=Val(Text1. Text)+Text2. Text

D. S=Val(Text1. Text) & Text2. Text

11. 下面有关数组的说法中,错误的是_____。

A. 数组必须先声明后使用

B. 数组形参可以是定长字符串类型

C. Erase 语句的作用是对已声明数组的值重新初始化

D. 定义数组时,数组维界值可以不是整数

12. 以下关于 Sub 或 Function 过程的声明中正确的是_____。

A. Sub f1(n As String * 1)

B. Sub f1(n As Integer)As Integer

C. Function f1(f1 As Integer)As Integer

D. Function f1(ByVal n As Integer)

13. 下面有关数组处理的叙述中错误的是_____。

① 在过程中用 ReDim 语句声明的动态数组,其下标的上下界可以为赋了值的变量

② 在过程中,可以使用 Dim、Private 和 Static 语句声明数组

③ 用 ReDim 语句重新声明动态数组时,不得改变该数组的数据类型

④ 可用 Public 语句在窗体模块的通用说明处声明一个全局数组

    A. ①②③④   B. ①③④   C. ①②③   D. ②④

14. 语句 Open "Text. dat" For Output As # FreeFile 的功能叙述中错误的是_____。

    A. 如果文件 Text. Dat 已存在,则打开该文件,新写入的数据将增加到该文件中

    B. 如果文件 Text. Dat 已存在,则打开该文件,新写入的数据将覆盖原有的数据

    C. 如果文件 Text. Dat 不存在,则建立一个新文件

    D. 以顺序输出模式打开文件 Text. Dat

15. 下列关于菜单的说法中,错误的是_____。

    A. 每一个菜单项就是一个对象,并且可设置自己的属性和事件

    B. 菜单项不可以响应 DblClick 事件

    C. VB 6.0 允许创建超过 5 级的子菜单

    D. 程序执行时,如果要求菜单项是灰色,不能被用户选择,则应设置菜单项的 Enabled 属性为 False

二、填空题

1. 执行下面的程序,当单击窗体时,在窗体上显示的输出结果的第一行是___(1)___,第二行是___(2)___。

```
Option Base 1
Dim a() As Integer
Private Sub Form_Click()
    Dim i As Integer, j As Integer
    ReDim a(3, 2)
    For i=1 To 3
        For j=1 To 2
            a(i, j)=i * 2+j
        Next j
    Next i
    ReDim Preserve a(3, 4)
    For j=3 To 4
        a(3, j)=j+9
    Next j
    Print a(2, 3)
    Print a(3, 4)
End Sub
```

2. 执行下面的程序, 当单击命令按钮 Command1 后, 列表框中显示的第一行是 __(3)__, 第二行是 __(4)__, 第三行是 __(5)__。

```
Private Sub Command1_Click()
    Dim x As Integer, k As Integer
    x=221
    k=2
    Do Until x<=1
        If x Mod k=0 Then
            x=x\k
            List1.AddItem Str(k)
        Else
            k=k+1
        End If
    Loop
    List1.AddItem Str(x)
End Sub
```

3. 运行下面程序段, 当单击窗体时, 输出的第一行是 __(6)__, 第二行是 __(7)__。

```
Private Sub Form_Click()
    Dim a As Integer, b As Integer
    a=7:b=11
    Call Proc(a, b)
    Print a; b
End Sub
Public Sub Proc(x As Integer, ByVal y As Integer)
    x=y+x
    y=x Mod y
    Print x ; y
End Sub
```

4. 执行下面的程序, 单击窗体时, 在窗体上显示的第一行是 __(8)__, 第二行是 __(9)__, 第三行是 __(10)__。

```
Private Sub Command1_Click()
    Dim i As Integer, s As Integer
    s=5
    For i=1 To 6
        Call Sub1(i, s)
        Print i; s
    Next i
    Print i
End Sub
Private Sub Sub1(a As Integer, b As Integer)
    Static c As Integer
```

```
        Dim i As Integer
        For i=3 To 1 Step-1
            c=c+a
            a=a+1
        Next i
        b=b+c
    End Sub
```

5. 下面程序是从键盘上输入一个正整数，找出大于或等于该数的第一个素数。请完善程序。

```
Private Sub Command1_Click()
    Dim i As Integer, x As Integer, y As Integer, flag As Boolean
    flag=False
    x=InputBox("请输入一个正整数", "输入正整数")
    y=x
    Do While Not flag
        i=2
        flag=___(11)___
        Do While flag And i<=x/2
            If x Mod i=0 Then
                flag=False
            Else
                ___(12)___
            End If
        Loop
        If Not flag Then ___(13)___
    Loop
    Print "大于或等于" & Str(y) & "的第一个素数是: " & Str(x)
End Sub
```

6. 输入一串数字字母间隔的字符串，将其中数字挑选出来，并且在相应的数字之间用"＊"分开，如输入"a3b1c5d8f"，则输出的结果为"[3＊1＊5＊8＊]"。请将下列程序补充完整。

程序代码如下:

```
Private Sub Form_Click()
    dim st As String, i As Integer
    st=InputBox("输入数字字母混合的字符串")
    i=1
    Print "[";                              '字符串的第一个"["
    Do While i<=___(14)___
        If (Mid(st, i, 1)>="0") And (Mid(st, i, 1)<="9") Then
            ___(15)___
        Else
```

```
        Print " * ";
    End If
    i=i+1                                    '准备取下一个字符
 Loop
 Print "]"
End Sub
```

7. 下面程序的功能是统计随机产生的 10 个三位正整数中能被 5 整除的数的个数，并求出这 10 个数的总和。完善程序。

```
Private Sub Form_Click()
    Dim x As Integer, s As Integer
    Dim n As Integer, i As Integer
    Randomize
    For i=1 To 10
      x=    (16)
      Print x;
      If x Mod 5=0 Then
          s=s+x
            (17)
      End If
  Next i
  Print "被 5 整除数的个数: "; n; "和为"; s
End Sub
```

8. 下面程序的功能是将一个数的各位数字相乘并输出在窗体上。请完善程序。

```
Option Explicit
Private Sub Command1_Click()
    Dim n As Long
    n=InputBox("请输入一个数")
    Print Fun1(n)
End Sub
Private Function Fun1(m As Long) As Long
    Dim s As Long
    s=1
    m=Abs(m)
    Do While    (18)
        s=s * (m Mod 10)
        m=    (19)
    Loop
    Fun1=    (20)
End Function
```

9. 本程序是求下面数列的和,计算结果精确到第 n 项小于 10^{-5} 为止。请完善程序。

$$y=\frac{1}{2}+\frac{1}{2\times 4}+\frac{1}{2\times 4\times 6}+\cdots+\frac{1}{2\times 4\times 6\times \cdots \times 2n}+\cdots, \quad n=1,2,3,\cdots$$

```
Private Sub Command1_Click()
    Dim y As Single, n As Integer, temp As Single
    n=1
    Do
        (21)
        If temp<=0.00001 Then Exit Do
        y=y+temp
        n=n+1
    Loop
    Print "n="; n, "y="; y
End Sub
Private Function fact(n As Integer) As Long
    Dim i As Integer, k As Integer
    fact=1
    k=2
    For i=n To 1 Step-1
        (22)
        k=k+2
    Next i
End Function
```

10. 本程序的功能是从键盘上输入 10 个整数,采用"冒泡排序"法将 10 个数从小到大排序。请完善程序。

```
Private Sub Command1_Click()
    Dim a(1 To 10) As Integer
    msg="输入数:"
    msgtitle="冒泡排序"
    For i=1 To 10
        a(i)=   (23)
    Next i
    For i=1 To 9
        For j=1 To   (24)
            If   (25)   Then
                t=a(j+1): a(j+1)=a(j): a(j)=t
            End If
        Next j
    Next i
    For i=1 To 10
        Print a(i);
    Next i
End Sub
```

Visual Basic 模拟试题 4 参考答案

一、选择题

1. B   2. C   3. B   4. A   5. A   6. B   7. A   ·8. D
9. D   10. C   11. C   12. D   13. D   14. A   15. C

二、填空题

(1) 0

(2) 13

(3) 13

(4) 17

(5) 1

(6) 18　7

(7) 18　11

(8) 4　11

(9) 8　35

(10) 9

(11) True

(12) i＝i＋1

(13) x＝x＋1

(14) Len(st)

(15) Print Mid(st，i，1)；

(16) Int(900 * Rnd＋100)

(17) n＝n＋1

(18) m ＜＞ 0

(19) m\10 或 Int(m/10)或 Fix(x/10)

(20) s

(21) temp＝1/fact(n)

(22) fact＝fact * k

(23) InputBox(msg，msgtitle)

(24) 9

(25) a(j) ＞ a(j＋1)

Visual Basic 模拟试题 5

一、选择题

1. Print 方法可在_____上输出数据。
   ① 窗体　　② 文本框　　③ 图片框　　④ 标签　　⑤ 列表框　　⑥ 立即窗口
   A. ①③⑥　　　　　B. ②③⑤　　　　　C. ①②⑤　　　　　D. ②④⑥

2. VB 工程文件的扩展名是_____。
   A. .frm　　　　　B. .vbp　　　　　C. .bas　　　　　D. .frx

3. 可以在_____中，使用语句 Public PubStr As String * 20 定义一个定长字符串。
   A. 窗体模块　　　B. 类模块　　　　C. 标准模块　　　D. 三者均可

4. 在 VB 中，下列关于控件的属性或方法中搭配错误的有_____个。
   ① Timer1.Interval　　　　② List1.Cls　　　　　③ Text1.Print
   ④ List1.RemoveItem　　　⑤ VScroll1.Value　　⑥ Picture1.Print
   A. 0　　　　　　　B. 1　　　　　　　C. 2　　　　　　　D. 3

5. 在窗体模块的通用声明处有如下语句，会产生错误的语句是_____。
   ① Const A As Integer＝25　　　② Public St As String * 8
   ③ ReDim B(3)As Integer　　　　④ Dim Const X As Integer＝10
   A. ①②　　　　　B. ①③　　　　　C. ①②③　　　　D. ②③④

6. 下面表达式中，_____的值是整型(Integer 或 Long)。
   ① 36＋4/2　　② 123 ＋Fix(6.61)　　③ 57＋5.5\2.5
   ④ 356 & 21　　⑤ "374"＋258　　　　⑥ 4.5 Mod 1.5
   A. ①②④⑥　　　B. ③④⑤⑥　　　C. ②④⑤⑥　　　D. ③⑥

7. 假设变量 Lng 为长整型变量，下面不能正常执行的语句是_____。
   A. Lng＝16384 * 2　　　　　　B. Lng＝4 * 0.5 * 16384
   C. Lng＝190^2　　　　　　　　D. Lng＝32768 * 2

8. 产生[10,40]之间的随机整数的 VB 表达式是_____。
   A. Int(Rnd * 31)＋10　　　　　B. Int(Rnd * 30)＋10
   C. Int(Rnd * 30)＋11　　　　　D. Int(Rnd * 30)＋12

9. 代数表达式为$\dfrac{e^{a+b}+\sqrt{|a+b|}}{2\pi+4}$，其对应的 VB 表达式是_____。
   A. E^(a+b)＋|a＋b|^1/2/(2 * π＋ 4)
   B. (Exp(a+b)＋sqr(abs(a+b)))/(2 * 3.14＋4)
   C. (Exp(a+b)＋sqr(abs(a+b)))/(2 * π＋ 4)
   D. E^(a+b)＋|a＋b|^1/2/(2 * 3.14＋4)

10. 变量 S 为字符型,若在文本框 Text1、Text2 中分别输入数字 21 与 35 后,再执行以下语句,S 的值为"56"的是_____。

    A. S＝Text1. Text & Text2. Text

    B. S＝Text1. Text＋Text2. Text

    C. S＝Val(Text1. Text)＋Text2. Text

    D. S＝Val(Text1. Text) & Text2. Text

11. 以下有关数组作为形参的说明中错误的是_____。

    A. 调用过程时,只需把要传递的数组名填入实参表

    B. 使用动态数组时,可用 ReDim 语句改变形参数组的维界

    C. 在过程中也可用 Dim 语句对形参数组进行说明

    D. 形参数组只能按地址传递

12. 以下有关 ReDim 语句用法的说明中错误的是_____。

    A. ReDim 可用于声明一个新数组

    B. ReDim 语句既可以在过程中使用,也可以在模块的通用声明处使用

    C. 无 Perserve 关键字的 ReDim 语句,可重新声明动态数组的维数

    D. 在 ReDim 语句中,可使用变量说明动态数组的大小

13. 下面定义 Sub 过程的各个语句中正确的语句是_____。

    ① Private Sub Sub1(A( ) As String)

    ② Private Sub Sub1(A(1 To 10) As String * 8)

    ③ Private Sub Sub1(S As String)

    ④ Private Sub Sub1(S As String * 8)

    A. ①③   B. ①②③   C. ①③④   D. ①②③④

14. 若磁盘文件 D:\Data1. Dat 不存在,下列打开文件语句中错误的是_____。

    A. Open "D:\Data1. dat" For Output As #1

    B. Open "D:\Data1. dat" For Input As #2

    C. Open "D:\Data1. dat" For Append As #3

    D. Open "D:\Data1. dat" For Binary As #4

15. 以下关于菜单的说法中,错误的是_____。

    A. 可以为菜单项选定快捷键

    B. 若在"标题"文本框中键入连字符(一),则可在菜单的两个菜单命令项之间加一条分割线

    C. 除了 Click 事件之外,菜单项还可以响应其他事件

    D. 菜单编辑器的"名称"文本框用于输入菜单项的名称

二、填空题

1. 执行下面的程序,当单击窗体时,在窗体上显示的输出结果的第一行是___(1)___,第二行是___(2)___。

```
Private Sub Form_Click()
```

```
Dim a(3, 3) As Integer, i As Integer
Dim k As Integer, m As Integer
m=16
For k=6 To 0 Step-1
  If k>=2 Then
        For i=0 To 5-k
          A(k-2+i, i)=m
          m=m-1
        Next i
    Else
        For i=0 To k
          A(k-i, 3-i)=m
          m=m-1
        Next i
    End If
  Next k
  For k=0 To 3
    For i=0 To 3
        Print a(k, i);
    Next i
    Print
  Next k
End Sub
```

2. 执行下面的程序,当单击窗体时,在窗体上显示的第一行是____(3)____,第三行是____(4)____,第五行是____(5)____。

```
Private Sub Form_Click()
    Dim S As String, i As Integer, n(9) As Integer
    Dim S1 As String * 1, j As Integer
    S=Trim("12345a307291b233")
    i=1
    Do While i<=Len(S)
        S1=Mid(S, i, 1)
        If S1>="0" And S1<="9" Then
            j=Val(S1)
            n(j)=n(j)+1
        End If
        i=i+1
    Loop
    For j=0 To 9
        Print j; ":"; n(j)
    Next j
End Sub
```

3. 下列程序第一次调用子程序后 $K=$ ___(6)___，第二次调用子程序后 $K=$ ___(7)___。

```
Private Sub Command1_Click()
    Dim K As Integer
    K=5
    Call Prog(K)
    Print "第一次调用:K="; K
    K=3
    Call Prog(K)
    Print "第二次调用:K="; K
End Sub
Private Sub Prog(n As Integer)
    Static m As Integer
    m=n+m
    n=m+n
End Sub
```

4. 执行下面的程序，单击窗体时，在窗体上显示的第一行是___(8)___，第二行是___(9)___，第三行是___(10)___。

```
Private Sub Form_Click()
    Dim i As Integer, j As Integer
    i=1: j=2
    Print "i="; i
    Print "j="; j
    Print i+j+fun(i, fun(i, j))
End Sub
Private Function fun(ByVal a As Integer, b As Integer) As Integer
    a=a+b
    b=a+b
    fun=a+b
End Function
```

5. 下面程序是通过键盘输入一个 4×3 的矩阵，找出其中最大的那个元素所在的行和列，并输出其值及行号和列号。请完善程序。

```
Option Base 1
Private Sub Command1_Click()
    Dim a(4, 3) As Integer, i As Integer, j As Integer
    Dim col As Integer, row As Integer, max As Integer
    For i=1 To 4
        For j=1 To 3
            a(i, j)=InputBox("请输入矩阵第" & i & "行," & j & "列的元素", _
"输入矩阵元素")
            Picture1.Print a(i, j),
        Next j
```

```
            (11)
    Next i
    max=   (12)
    For i=1 To 4
        For j=1 To 3
            If    (13)   Then
                max=a(i, j)
                col=j
                row=i
            End If
        Next j
    Next i
    Picture1.Print
    Picture1.Print "矩阵最大的元素的值为: "; max
    Picture1.Print "它所在的行号为"; row; ",列号为"; col
End Sub
```

6. 下列程序的功能是求 π 的近似值。

$$\frac{\pi}{4} = 1 - \frac{1}{3} + \frac{1}{5} - \frac{1}{7} + \cdots + (-1)^{n-1}\frac{1}{2n-1}$$

当输入 $n=1000$、5000、10000 时，π 的值随着 n 值的增大而更加接近实际值。请补充完善程序。

```
Option Base 1
Private Sub Command1_Click()
    Dim n As Integer, Pi As Single
    n=InputBox("请输入需计算的次数 n=")
    Pi=   (14)
    Print Pi
End Sub
Private Function fun1(n As Integer)As Single
    Dim s As Integer, p As Single, i As Integer
    P=0
    For i=1 To n
        p=p+   (15)
    Next i
    Fun1=p
End Sub
```

7. 下面的程序功能是将一个由字母与数字相混的字符串中选出字母串，并把该字母串在窗体上打印出来。请完善程序。

```
Option Explicit
Private Sub Command1_Click()
    Dim S As String,k As Integer
```

```
        Dim r As String,i As Integer,t As String
        S="aa11bb22cc33"
        For i=1 To    (16)
            t=    (17)
            If t>="a" And t<="z" Or t>="A" And t<="Z" Then
                r=r & t
            End If
        Next i
        Print r
    End Sub
```

8. 一个 n 位的正整数,其各位数的 n 次方之和等于这个数,称这个数为 Armstrong 数,例如 $153 = 1^3 + 5^3 + 3^3$,$1634 = 1^4 + 6^4 + 3^4 + 4^4$。本题是用来求出所有两位、三位、四位的 Armstrong 数。请补充完善程序。

```
Option Base 1
Private Sub Command1_Click()
        Dim i As Integer
        For i=10 To 9999
          If    (18)    Then Print i;
        Next i
End Sub
Private Function fact(n As Integer) As Integer
        Dim Sum As Integer, i As Integer
        Sum=0
        For i=1 To    (19)
          Sum=Sum+    (20)
Next i
fact=Sum
End Function
```

9. 下面程序产生 20 个互不相同的两位随机整数,以每行 4 个的形式输出到窗体上。请完善程序。

```
Option Base 1
Private Sub Command1_Click()
    Dim i As Integer, j As Integer, x As Integer, flag As Integer
    Dim a(20) As Integer, k As Integer
    Randomize
    For i=1 To 20
        Do
            x=    (21)
            flag=0
            For j=1 To i-1
                If    (22)    Then
```

```
                    flag=1
                      (23)
               End If
          Next j
     Loop While   (24)
     a(i)=x
     Print a(i);
     k=k+1
     If k mod 4=0 Then   (25)
  Next i
End Sub
```

Visual Basic 模拟试题 5 参考答案

一、选择题

1. A　　2. B　　3. C　　4. C　　5. D　　6. D　　7. A　　8. A
9. B　　10. C　　11. C　　12. B　　13. A　　14. B　　15. C

二、填空题

(1) 10　0　5　4

(2) 13　9　0　6

(3) 0：1

(4) 2：3

(5) 4：1

(6) 10

(7) 11

(8) i=1

(9) j=2

(10) 32

(11) Picture1. Print

(12) a(1, 1)

(13) max<a(i, j)

(14) 4 * fun1(n)

(15) $(-1)^{(i-1)}/(2*i-1)$

(16) Len(S)或 Len(trim(s))

(17) Mid(S, i, 1)

(18) i=fact(i)

(19) Len(CStr(n))或 Len(Str(n))−1

(20) Mid(n, i, 1)^Len(CStr(n))

Mid(CStr(n), i, 1)^Len(CStr(n))或 Mid(Str(n), i+1,1)^Len(Str(n))-1)

(21) Int(Rnd * 90+10)

(22) x=a(j)

(23) Exit For

(24) flag=1

(25) Print

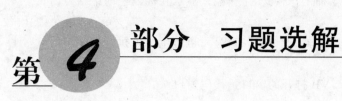

第 **4** 部分 习题选解

这部分给出了理论教材每一章部分习题的参考解答,需要说明的是:对编程题给出的解答仅供参考,一定要先动手自己解决,然后再参考答案。由于同一个题目的解答方法可能有多种,学习过程中不要被书中的代码和思路所束缚,关键是抓住重点,开拓思路,逐步提高分析问题、解决问题的能力。

第 1 章 概 述

一、叙述题

1. 略。

2. 简述事件驱动的程序设计原理。

解答:VB程序的运行没有固定的顺序,它通过事件来激活某个对象,随着该对象的活动,会引发新的事件,这个事件又可能使另一个对象激活,对象之间就是以这种方式联系在一起的。每个事件都可以通过一段程序(称为"事件过程")来响应,在事件发生时,系统将自动执行相应的事件过程,用以实现指定的操作并达到运算、处理的目的。为不同对象响应不同事件编写的事件过程构成了一个完整的应用程序,这就是VB事件驱动的程序设计原理。

3. 略。

4. 略。

5. 当创建只有一个窗体的应用程序后,该工程涉及多少个要保存的文件?若要保存该工程中的所有文件,应先保存什么文件?后保存什么文件?

解答:涉及两个文件要保存,先保存窗体文件(.frm),再保存工程文件(.vbp)。

6. 略。

二、单选题

1. D VB是一种面向对象的可视化程序设计语言。

2. 略。

3. C VB是32位的应用程序的开发工具。

4. 略。

5. D　VB集成开发环境有3种工作模式,工作模式显示在标题栏的中括号内。

6. 略。

7. D　VB集成开发环境可以编辑、调试、运行程序,也能生成可执行程序。

8. 略。

9. C　双击窗体中的对象后,VB打开的窗口是代码窗口。

10. 略。

11. B　工程文件的扩展名是.vbp。

12. 略。

13. C　标准模块文件的扩展名是.bas。

14. 略。

15. D　选择"工程"菜单中的"属性窗口"命令,不能打开属性窗口。

16. 略。

17. A　扩展名为.vbp的工程文件中包含有工程中所有模块的有关信息。

18. 略。

19. A　假设窗体上已有一个控件是活动的,为了在属性窗口中设置窗体的属性,预先要执行的操作是单击窗体上没有控件的地方。

20. 略。

21. D　一个应用程序可包括多个窗体。

22. 略。

23. B　工程资源管理器窗口标题栏下的"查看对象"按钮用于切换到"窗体编辑窗口",显示和编辑正在设计的窗体。

24. 略。

三、填空题

1. VB是一种_____的程序设计语言,采用_____的编程机制。

解答:面向对象、事件驱动

2. 略。

3. VB的3种工作模式分别是_____模式、_____模式和_____模式。

解答:设计、运行、中断

4. 略。

5. VB提供了4种工具栏,分别为标准工具栏、窗体编辑器工具栏、_____工具栏和调试工具栏。

解答:编辑

6. 略。

四、编程及上机调试

1. 略。

2. 在窗体上放置一个标签控件,当单击窗体时,在标签上显示"你单击了窗体!";当双击窗体时,在标签上显示"你双击了窗体!"。

【分析】 本题目主要是掌握窗体的基本事件以及在代码中修改控件属性的方法。在窗体上放置一个 Label 控件,然后打开代码窗口输入代码。

【程序代码】

```
Private Sub Form_Click()
    Label1.Caption="你单击了窗体!"
End Sub
Private Sub Form_DblClick()
    Label1.Caption="你双击了窗体!"
End Sub
```

3. 略。

第 2 章　面向对象编程基础

一、叙述题

1. 什么是类? 什么是对象? 什么是事件过程?

解答:类是由对象的共同特征抽象而形成的,它包含所创建对象的属性描述和行为特征的定义。在 VB 中,系统设计了大量的控件类,这些控件通过实例化后可直接在窗体上使用。

对象是由类创建的,类是对象的定义,而对象是类的一个实例。对象具有三要素:属性、方法和事件。

当对象响应事件后就会执行一段代码,该段代码规定了对象被事件激活时应产生的各种动作以及所要进行的相关处理的具体内容,这样的代码段称为事件过程。

2. 略。

3. 除窗体之外,还有哪些控件可作为其他控件的容器使用?

解答:除窗体之外,图片框控件(Picture)及框架控件(Frame)可作为其他控件的容器。

4. 略。

5. 要使文本框获得焦点的方法是什么?

解答:SetFocus 方法。

二、单选题

1. C

2. 略。

3. D　设置 Enabled 属性值后,只能在运行时起作用。

4. 略。

5. C 改变窗体的 name 属性值,不会改变其事件过程的默认名称 Form。

6. 略。

7. C

8. 略。

9. B 能被对象所识别的动作称为对象的事件,对象可执行的活动称为对象的方法。

10. 略。

11. A

12. 略。

13. D 控件的 Enabled 属性值设为 False,对象在窗体上将不可用。

14. 略。

15. D 调用方法时,默认对象名称时对象指的是窗体。

16. 略。

17. B

18. 略。

19. D

20. 略。

21. B

22. 略。

23. B

24. 略。

25. A Print 方法可在窗体、图片框及立即窗口上输出数据。

26. 略。

27. B 对象在响应某个事件时,计算机要执行一段程序,以完成相应的操作,这样的程序片段称为事件过程。

28. 略。

29. B Caption 是属性,Cls、SetFocus 是方法,Unload、LostFocus、KeyPress 是事件。

30. 略。

三、填空题

1. VB 中的对象是_____和_____的总称。

解答:窗体、控件

2. 略。

3. 如果要在单击命令按钮 Command2 时执行一段代码,则应将这段代码写在_____事件过程中。

解答:Command2_Click

4. 略。

5. 在设计阶段,双击工具箱中的控件按钮,即可在窗体的_____位置上出现控件;

当双击窗体上某个控件时,所打开的是_____窗口。

解答:中部、代码

四、编程及上机调试

1. 略。

2. 设计一个程序,窗体上有"显示"和"退出"两个命令按钮,如《Visual Basic 程序设计教程》(以下简称本书配套教材)中的图 2.21 所示。单击"显示"按钮时,窗体上显示一个图片,同时将两个命令按钮隐藏,如本书配套教材中的图 2.22 所示;单击本书配套教材中的图 2.22 的窗体时,恢复为本书配套教材中的图 2.21。单击"退出"按钮,结束程序的运行。

【分析】 本题目主要是掌握命令按钮的基本属性及事件以及窗体加载图形的方法。隐藏命令按钮是将按钮的 Visible 属性设置为 False,窗体加载图形使用的是 LoadPicture 函数。

【程序代码】

```
Private Sub Command1_Click()
    Form1.Picture=LoadPicture(App.Path+"\animal1.wmf")
    Command1.Visible=False
    Command2.Visible=False
End Sub
Private Sub Command2_Click()
    End
End Sub
Private Sub Form_Click()
    Form1.Picture=LoadPicture()
    Command1.Visible=True
    Command2.Visible=True
End Sub
```

第 3 章　标 准 控 件

一、叙述题

1. 标签控件与文本框控件的区别是什么?

解答:在程序运行时,标签只能显示文字,不能输入文字,显示文字通过对 Caption 属性赋值来实现;而文本框既能显示文字,也能输入文字,通过 Text 属性来实现。

2. 略。

3. 若要将文本框作为输入密码的控件,需要进行怎样的设置?

解答:将 MultiLine 属性值设置为 False,PasswordChar 属性设置为某个字符,如"*"。

4. 略。

5. VB 的常用控件中,哪些控件具有 Caption 属性,而没有 Text 属性?哪些控件具有 Text 属性,却没有 Caption 属性?

解答:具有 Caption 属性而没有 Text 属性的有:Label、Frame、CommandButton、Check、OptionButton;具有 Text 属性,却没有 Caption 属性的有:TextBox、ListBox、ComboBox。

6. 略。

7. 标准控件中具有 Picture 属性的控件有哪些?

解答:具有 Picture 属性的控件有:CommandButton、Check、OptionButton、PictureBox、Image。

8. 略。

9. 如何给一个列表框或组合框控件增添项目?已有的项目如何删除?

解答:增添项目,在设计时可使用 List 属性,在代码中使用 AddItem 方法;删除项目,单个删除使用 RemoveItem 方法,全部删除使用 Clear 方法。

二、单选题

1. B

2. 略。

3. D　框架(Frame)与图片框(PictureBox)为容器控件。

4. 略。

5. C

6. 略。

7. D　Hscroll1 不是事件名。

8. 略。

9. B

10. 略。

11. B　Me 代表当前窗体。

12. 略。

13. C　CheckBox(复选框)、Frame(框架)、Label(标签)。

14. 略。

15. C　PictureBox、Image、CommandButton、OptionButton。

16. 略。

17. C　搭配错误的有 List1. Cls、Text1. Print。

18. 略。

19. A

20. 略。

21. D　List1. ListCount、Dir1. Path 只能在代码中设置;Text1. Index 只能在设计时设置。

22. 略。

23. A　先将 MultiLine 属性设置为 True。

24. 略。

25. C　单击滚动条两端的箭头时,滚动条 Value 属性的值由 SmallChange 属性值决定;单击滚动条两端的空白处,滚动条 Value 属性的值由 LargeChange 属性值决定。

26. 略。

27. C

28. 略。

29. D

30. 略。

31. C　要使图片框能自动适应加载图片的大小,应将图片框的 AutoSize 属性设置为 True。

32. 略。

三、编程及上机调试

1. 略。

2. 编写能对列表框中的项目进行添加、删除和统计的应用程序。要求:单击"添加"按钮,可将输入的姓名添加到列表框中,同时当前人数框中显示当前的人数;单击"删除"按钮,可删除列表框中选定的项目,同时当前人数框中显示当前的人数;如果没有选定要删除的项目,则"删除"按钮不可用;文本框不允许用户编辑。

【分析】　本题目是掌握列表框控件的使用方法。列表框中添加列表项使用 AddItem 方法,统计列表项的数目使用 ListCount 属性,删除列表项使用 RemoveItem 方法。

【程序代码】

```
Private Sub Command1_Click()
    List1.AddItem Text1
    Command2.Enabled=True
    Text2=List1.ListCount
    Text1=""
    Text1.SetFocus
End Sub
Private Sub Command2_Click()
    If List1.ListIndex=-1 Then
        Command2.Enabled=False
    Else
        List1.RemoveItem List1.ListIndex
        Text2=List1.ListCount
        Text1.SetFocus
    End If
End Sub
Private Sub Command3_Click()
```

```
        End
End Sub
Private Sub List1_Click()
    Command2.Enabled=True
End Sub
```

第 4 章 Visual Basic 程序设计基础

一、叙述题

1. VB 提供了哪些标准数据类型？其类型关键字分别是什么？其类型符又是什么？

解答：VB 提供的标准数据类型、类型关键字、类型符如表 4-1 所示。

表 4-1　标准数据类型、关键字及类型符

数 据 类 型		关键字	占用存储空间	类型符
整型	字节型	Byte	1B	
	整型	Integer	2B	%
	长整型	Long	4B	&
实型	单精度型	Single	4B	!
	双精度型	Double	8B	#
	货币型	Currency	8B	@
其他类型	日期型	Date	8B	
	逻辑型	Boolean	2B	
	字符型	String	字符串长	$
	变体型	Variant	根据需要分配	

2. 略。

3. 进行数据类型转换时，数值类型与逻辑类型是如何转换的？试举例说明。

解答：

1）数值类型间的转换

运算中如果遇到不同数值类型的操作数，系统一般是将占用存储空间小的类型转换为占用存储空间大的类型。

如 Byte 向 Integer 转换、Integer 向 Long 转换等。但在将整型（Integer 和 Long）转换为实型时是转换为 Double 型；将实型转换为整型时是转换为 Long 型。

2）数值类型与字符串类型的转换

数值类型向字符串类型转换时保持字面形式，不再有数值的含义。字符串类型只有当其字符具有数值形式时才能转换为数值型，而且不论数值形式是整型还是实型都转换

为 Double 型。

例如,字符串"367.28"可转换为数值 367.28;而字符串"45s6"则不能转换为数值型数据。

3) 数值类型与逻辑类型的转换

当数值型数据的值为非 0 时转换为逻辑型的 True,为 0 时转换为逻辑型的 False;当逻辑数据转换成整型数据时 True 转换为 -1,False 转换为 0。

4) 字符串类型与逻辑类型的转换

只有具有数值形式的字符串才能转换为逻辑型,转换规则按照第 3 条处理;逻辑型数据在转换为字符串时是将 True 转换为"True",将 False 转换为"False",且不再有逻辑意义。

4. 略。

5. VB 中的"四舍五入"是如何实现的?试举例说明。

解答:四舍五入遵循"奇进偶不进"的原则,即当小数点前为奇数时,小数点后的数按四舍五入方式进行;当小数点前为偶数时,小数点后的数小于等于五时舍去,大于五时进位。例如:3.5 四舍五入的结果为 4,4.5 四舍五入的结果为 4,而 4.51 四舍五入的结果为 5。

二、单选题

1. A

2. 略。

3. B　A 为 Integer 型变量,而 3277el 的值 32770 超出了 Integer 类型的最大值 32767。

4. 略。

5. C　虽然变量 A 为长整型,但是计算 16384 * 2 时已经出错。

6. 略。

7. A　表达式 -32000-769 的值为 -32769,超出了 Integer 类型的最小值 -32768。

8. 略。

9. C　表达式 1& * a * b * c 是转换成长整型数值的计算,其余 3 个在计算 a * b * c 时出错。

10. 略。

11. A

12. 略。

13. B　不能直接使用 π 作为常数。

14. 略。

15. A

16. 略。

17. A

18. 略。

19. B 使用公式 Int(Rnd∗(上界－下界＋1)＋下界)。

20. 略。

21. C 由于 a 为长整型变量,则 Len(a) 的值为 4,将数值型转换为字符串时,Str 函数的长度比 CStr 函数的长度大 1。

22. 略。

23. B 除法运算的结果类型为 Double,Fix 函数返回值的类型为 Double,"374"转换为数值时类型为 Double。

24. 略。

25. B

26. 略。

27. A CInt(－4.51) 的值为－5,Int(－4.51) 的值为－5,Fix(－4.51) 的值为－4。

28. 略。

29. A CInt(－3.5) 的值为－4,Fix(－3.81) 的值为－3,Int(－4.1) 的值为－5,5 Mod 3 的值为 2。

30. 略。

31. B

32. 略。

33. D Mid(s,m[,n])＝s1 语句的含义是用字符串 s1 替换字符串 s 中,从 m 开始的与字符串 s1 等长的一串字符。若使用参数 n,则用字符串 s1 左起 n 个字符,替换字符串 s 中从 m 开始的 n 个字符。所以 B 和 C 均是错的,A 的起始位置不对。

34. 略。

35. C

36. 略。

37. C Xor 运算的含义是两个操作数不同时结果为 True。

38. 略。

39. D

40. 略。

41. A

42. 略。

43. C

44. 略。

45. A

46. 略。

三、编程及上机调试

1. 随机产生一个 4 位正整数,求出该数的倒序数,输出该数及逆序数。如产生的数为 1234,则逆序数为 4321。通过上机调试来完成下列程序代码。

【分析】 随机产生一个 4 位正整数,可以使用公式 Int(Rnd＊(上界－下界＋1)＋下界),数值转换为字符串应使用 CStr 函数,然后使用字符串函数进行拼接即可。

【程序代码】

```
Private Sub Form_Load()
    Dim x As Integer, s As String, d As String
    Randomize
    x=Int(Rnd * 9000+1000)
    s=CStr(x)
    d=Right(s, 1)+Mid(s, 3, 1)+Mid(s, 2, 1)+Left(s, 1)
    Show
    Print "产生的数："; x, "逆序数："; d
End Sub
```

2. 略。

3. 略。

第 5 章　程序控制结构

一、叙述题

1. 算法有哪几种描述方法?

解答：算法的表示可以有多种形式,如文字表示、流程图表示、伪代码(一种介于自然语言和程序设计语言之间的文字和符号表达工具)和程序设计语言表示等。

2. 略。

3. 结构化程序设计的 3 种基本结构是什么?

解答：结构化程序设计的 3 种基本结构是顺序结构、选择结构(又称分支结构)、循环结构。

4. 略。

5. 在事先不知道循环次数的情况下,如何使用 For 循环结构?

解答：通常在事先不知道循环次数的情况下,使用 For 循环结构时将循环的终值设置为某一个特殊值或循环变量可取的最大值,如 32767、9999 等;然后循环中配合 If 语句,满足条件时退出循环。

6. 略。

二、单选题

1. D　事件过程只能出现在窗体模块中,不能出现在标准模块中。

2. 略。

3. B　不能在窗体模块中使用 Public 声明一个定长字符串变量、常量、数组。

4. 略。

5. D　Check 控件的 Value 属性取值可为 0、1 和 2,不允许使用布尔常量。

6. 略。

7. D　Case Is <-9,Is >9。Is <-9 与 Is >9 之间是"或"的关系。

8. 略。

9. C　条件中不允许使用逻辑运算符。

10. 略。

11. B　表达式 i^i^k 的计算顺序是从左到右。

12. 略。

13. D

14. 略。

15. A

16. 略。

17. C

18. 略。

19. B

20. 略。

三、编程及上机调试

1. 利用 If 语句、Select Case 语句两种方法计算分段函数:

$$y = \begin{cases} x^2 + 2x + 5, & x > 20 \\ \sqrt{2x} - 6, & 10 \leqslant x \leqslant 20 \\ \dfrac{1}{x^2} + |x|, & 0 < x < 10 \end{cases}$$

【分析】　有多个条件时,书写条件应由小到大或由大到小依次表示。

【程序代码】

1) 使用 If 语句

```
Private Sub Command1_Click()
    Dim x As Integer, y As Single
    x=InputBox("请输入 x 的值")
    If x>20 Then
        y=x^2+2*x+5
    ElseIf x>=10 Then
        y=Sqr(2*x)-6
    ElseIf x>0 Then
        y=1/x^2+Abs(x)
    End If
    Print "x="; x, "y="; y
End Sub
```

2) 使用 Select 语句

```
Private Sub Command2_Click()
    Dim x As Integer, y As Single
    x=InputBox("请输入 x 的值")
    Select Case x
        Case Is>20
            y=x^2+2*x+5
        Case Is>=10
            y=Sqr(2*x)-6
        Case Is>0
            y=1/x^2+Abs(x)
    End Select
    Print "x="; x, "y="; y
End Sub
```

2. 略。

3. 在窗体上以每行两个数的格式输出所有的"水仙花数"。所谓水仙花数是指这样的一些三位数：该数各位数字的立方和等于该数本身。（提示：首先分离出每位数字）

【分析】 分离出每位数字的方法是：设 x 为 1 个三位数，则 $a=x\backslash100$ 得到百位数，$b=(x-a\times100)\backslash10$ 得到十位数，$c=x$ Mod 10 得到个位数。

【程序代码】

```
Private Sub Command1_Click()
    Dim a As Integer, b As Integer, c As Integer
    For i=100 To 999
        a=i\100
        b=(i-a*100)\10
        c=i Mod 10
        If a^3+b^3+c^3=i Then
            Print i;
            k=k+1
            If k Mod 2=0 Then Print
        End If
    Next i
End Sub
```

4. 略。

5. 目前世界人口为 60 亿，如果以每年 1.4% 的速度增长，多少年后世界人口达到或超过 70 亿？（提示：使用公式 $p=p0\times(1+r)^n$，$p0$ 为当前人口，r 为增长率）

【分析】 设 p 为当前人口，r 为增长率，则一年后人口达到 $p\times(1+r)$，两年后人口达到 $p\times(1+r)^2$，三年后人口达到 $p\times(1+r)^3$，……，因此采用累乘的方法实现。

【程序代码】

```
Private Sub Command1_Click()
```

```
p=60: r=0.014
Do
    p=p * (1+r)
    n=n+1
Loop Until p>=70
Print n; "年后世界人口达到"; p; "亿"
End Sub
```

6. 略。

7. 利用下式求 π 的近似值,当第 *n* 项的绝对值小于 10^{-5} 时停止计算。

$$\frac{\pi}{4} = 1 - \frac{1}{3} + \frac{1}{5} - \frac{1}{7} + \cdots + (-1)^{n+1}\frac{1}{2n-1} + \cdots$$

【分析】 对于这种类型题目,首先考虑要用 Do 循环中使用累加语句来完成,另外为解决累加项正负相间,可以使用类似 m=-m 的语句。

【程序代码】

```
Private Sub Command1_Click()
    Dim s As Single, k As Long, m As Integer, x As Single
    k=1
    m=1
    x=m/k
    Do While Abs(x)>0.00001
        s=s+x
        m=-m
        k=k+2
        x=m/k
    Loop
    pi=4 * s
    Print "π="; pi
End Sub
```

第6章 数   组

一、叙述题

1. 数组在使用之前为什么要先声明?声明语句中一般包含哪些项?

解答:数组必须先声明后使用,声明数组的目的就是指定其数组名、数据类型、数组的维数和数组的大小,系统根据声明为其分配存储空间。声明语句中一般包含数组的使用范围、数组名、数组的维数和数组的数据类型。

2. 略。

3. 通常数组的下界默认为 0,用什么语句可以重新定义数组的下界?

解答:有两种方法:一是数组的下标采用"下界 To 上界"的方式,二是使用 Option

Base 语句。

4. 略。

5. 动态数组使用中应注意哪些事项？

（1）ReDim 语句只能在过程中使用。任何时候，在使用 ReDim 语句时，都不能改变数组的数据类型。

（2）使用 ReDim 语句重新声明动态数组时，下标中可以出现变量，也就是说可以使用变量作为下标值。

（3）在过程中可以多次使用 ReDim 语句改变数组的大小，也可以改变数组的维数。

（4）未使用 Dim 语句声明一个数组时，过程中的 ReDim 语句会直接声明一个数组。但这种使用只能再次改变数组的大小，不能改变数组的维数。

（5）每次使用 ReDim 语句都会使原来数组中的值丢失，解决的方法是在 ReDim 语句中使用 Preserve 选项，该选项用来保留数组中的数据。但使用 Preserve 选项后只能改变最后一维的上界，如果改变了其他维的上、下界或最后一维的下界，运行时都会出现"下标越界"的错误。

二、单选题

1. A 在窗体模块的通用声明处不允许用 Public 声明一个数组、定长字符串变量、常量。

2. 略。

3. B Static 只能在过程中使用。

4. 略。

5. C 静态数组的下标不能是变量。

6. 略。

7. A Index 从 0 开始。

8. 略。

9. C

10. 略。

11. A 数组必须先声明后使用。

12. 略。

13. D

14. 略。

15. D

16. 略。

17. C

18. 略。

19. D 每次使用 ReDim 语句都会使原来数组中的值丢失，解决的方法是在 ReDim 语句中使用 Preserve 选项，该选项用来保留数组中的数据。

20. 略。

21. A 数组必须先声明后使用。

22. 略。

23. B

三、编程及上机调试

1. 编写程序,随机生成一个包含 10 个元素的一维数组,然后将其前 5 个元素与后 5 个元素对换,即第 1 个元素与第 10 个元素对换,第 2 个元素与第 9 个元素对换,……,第 5 个元素与第 6 个元素对换。分别输出数组原来各元素的值和对换后各元素的值。

【分析】 根据题意共有 10 个元素,两两交换,只需交换 5 次即可。

【程序代码】

```
Option Base 1
Private Sub Form_Click()
    Dim a(10) As Integer
    Dim i As Integer, t As Integer
    Randomize
    Print "数组的原始数据为: ";
    For i=1 To 10
        a(i)=Int(90 * Rnd)+10
        Print a(i);
    Next i
    Print
    For i=1 To 5
        t=a(i)
        a(i)=a(11-i)
        a(11-i)=t
    Next i
    Print "交换后数组数据为: ";
    For i=1 To 10
        Print a(i);
    Next i
End Sub
```

2. 略。

3. 编写程序,实现矩阵转置。例如,如下矩阵 A 转置后成为矩阵 B。

$$A = \begin{bmatrix} 3 & 6 & 2 \\ 4 & 7 & 9 \end{bmatrix}, \quad B = \begin{bmatrix} 3 & 4 \\ 6 & 7 \\ 2 & 9 \end{bmatrix}$$

【分析】 矩阵转置是将矩阵的行变为列、列变为行,通过两重循环实现。

【程序代码】

```
Option Base 1
Private Sub Form_Click()
    Dim a(3, 4) As Integer, b(4, 3) As Integer, i As Integer, j As Integer
```

```
        Randomize
        Print "原数组元素为："
        For i=1 To 3
            For j=1 To 4
                a(i, j)=Int(90 * Rnd)+10
                Print a(i, j);
            Next j
            Print
        Next i
        Print "转置后数组元素为："
        For i=1 To 4
            For j=1 To 3
                b(i, j)=a(j, i)
                Print b(i, j);
            Next j
            Print
        Next i
    End Sub
```

4．略。

5．某单位开运动会，共有 10 人参加男子 100 米跑，运动员号码和成绩如表 4-2 所示。编写程序，按名次输出运动员的名次、号码和成绩。

表 4-2   运动员成绩表

号　码	成　绩	号　码	成　绩
017 号	11.3 秒	121 号	11.6 秒
035 号	12.3 秒	143 号	12.8 秒
128 号	12.0 秒	189 号	11.8 秒
235 号	11.8 秒	231 号	12.4 秒
089 号	12.6 秒	094 号	12.1 秒

【分析】　声明两个一维数组，一个数组存放运动员号码，另一个数组存放运动员的成绩，对成绩数组进行排序时，交换运动员成绩的同时交换运动员的号码。

【程序代码】

```
Option Base 1
Private Sub Form_Click()
    Dim a As Variant, k As Integer, i As Integer, j As Integer
    Dim b As Variant
    b=Array(17, 35, 128, 235, 89, 121, 143, 189, 231, 94)
    a=Array(11.3, 12.3, 12, 11.8, 12.6, 11.6, 12.8, 11.8, 12.4, 12.1)
    For i=1 To 9                            '对数组 a 的元素排序
        k=i
        For j=i+1 To 10
```

```
            If a(k)>a(j) Then k=j
        Next j
        If k<>i Then                          '数组 b 的元素随数组 a 的元素一起变动
            t=a(i)
            a(i)=a(k)
            a(k)=t
            t=b(i)
            b(i)=b(k)
            b(k)=t
        End If
    Next i
    Print "按名次排列顺序为："
    For i=1 To 10
        If Len(b(i))=2 Then b(i)="0" & b(i)       '补上数组 b 中长度为 2 的编号前的"0"
        Print "第" & i & "名的号码为：" & b(i) & "，成绩为：" & a(i)
    Next i
End Sub
```

第 7 章　过　　程

一、叙述题

1. 程序中使用通用过程有何益处？

解答：使用通用过程的好处：代码可重复利用，使程序简便、高效，有利于程序的调试和维护。

2. 略。

3. 什么是形参？什么是实参？参数传递中有哪些注意事项？

解答：形参是声明过程时的一种形式虚设的参数，只代表了该过程参数的个数、类型及位置，形参的名字并不重要，也没有任何值，只表示在过程体内进行某种运算或处理。在过程被调用时，形参要被实参所替换。

实参是调用过程时提供给过程形参的初始值或通过过程体处理后返回的结果。

参数传递的注意事项如表 4-3 所示。

表 4-3　形参与实参的对应关系

形参	实　参	说　明
变量	变量、数组元素	采用地址传递。形参是字符串类型时，不能为定长字符串变量
	常量、表达式	形参无论是传值还是传地址，都转换为值传递。传递时数据类型只要相容即可
数组	数组	采用地址传递。形参数组是定长字符串时，实参数组必须是定长字符串；形参数组是变长字符串时，实参数组也必须是变长字符串，长度可以不同

4. 略。

5. 若要在过程执行结束后其值仍然保留,应如何声明变量?

解答:可以将变量声明为全局变量(Public)、通用声明段或模块声明中的模块变量、过程中的静态变量(Static)。

6. 略。

7. 在模块的通用声明处与在过程的声明部分声明的变量名相同,两者是否为同一变量,两者间有没有联系?

解答:表示不同的变量,两者之间没有任何关系。

二、单选题

1. B 在过程中可以用 Dim、Static 声明变量。

2. 略。

3. B 实参为常量时,只要与形参类型相容即可。

4. 略。

5. C 使用 Public 语句声明一个常量、定长字符串变量及数组时,该语句应在标准模块的通用声明段中。

6. 略。

7. A 在过程中不能对形参数组进行说明。

8. 略。

9. B

10. 略。

11. A Function 过程名只能返回一个值。

12. 略。

13. A

14. 略。

15. C 在一个窗体的过程中调用另一个窗体的全局过程时,一定要加限定。

16. 略。

17. B 在调用过程时,与使用 ByRef 说明的形参对应的实参可以按传值方式结合。

18. 略。

19. C 过程声明中,形参不允许为定长字符串变量。

20. 略。

21. A 在标准模块或窗体模块中用 Public 语句声明的变量均是全局变量。

22. 略。

23. C 使用 Public 语句声明一个常量、定长字符串变量及数组时,该语句应在标准模块的通用声明段中。

24. 略。

25. A 引用窗体名时,一定要用其 Name 属性的值。

26. 略。

27. B

三、填空题

1. 执行下列程序,其结果为_____。

```
Option Explicit
Private Sub Command1_Click()
    Dim n As Single
    n=25.5
    Call Con((n), "25"+".5")
End Sub
Private Sub Con(s As Integer, s1 As Single)
    s=s * 2
    s1=s1+25.5
    Print s, s1
End Sub
```

解答:52 51

2. 略。

3. 执行下列程序,其结果为_____。

```
Option Explicit
Private Sub Command1_Click()
    Dim n As Integer, St As String
    n=15
    Call Factor(n, St)
    Print St
End Sub
Private Sub Factor(ByVal d As Integer, s As String)
    Dim i As Integer
    For i=1 To d-1
        If d Mod i=0 Then s=s & Str(i)
    Next i
End Sub
```

解答:1 3 5

四、编程及上机调试

1. 编写程序,生成由 1~50 之间的整数组成的 5×5 方阵(二维数组),找出方阵的所有凸点。所谓凸点是指在本行、本列中数值最大的元素。一个方阵可能有多个凸点,也可能没有凸点。程序中应定义一个名为 Tudian 的 Sub 过程,用于查找方阵的凸点。

【分析】 先找出某一行的最大元素,再判断它是否为所在列的最大元素。

【程序代码】

```
Private Sub Command1_Click()
    Dim a() As Integer, i As Integer, j As Integer, n As Integer
    n=InputBox("输入方阵的阶 N：", , 5)
    Randomize
    ReDim a(n, n)
    For i=1 To n
        For j=1 To n
            a(i, j)=Int(Rnd * 50+1)
            Text1=Text1 & Right("   " & Str(a(i, j)), 3)
        Next j
        Text1=Text1 & vbCrLf
    Next i
    Call tudian(a)
End Sub
Private Sub Command2_Click()
    Text1=""
    Text2=""
End Sub
Private Sub Command3_Click()
    End
End Sub
Private Sub tudian(a() As Integer)
    Dim i As Integer, j As Integer, c As Integer
    Dim max As Integer, s As String
    For i=1 To UBound(a, 1)
        max=a(i, 1): c=1                          '每行的第一个作为最大值
        For j=1 To UBound(a, 2)
            If a(i, j)>max Then                   '其余元素依次与最大值进行比较
                max=a(i, j): c=j
            End If
        Next j
        For k=1 To UBound(a, 1)
            If a(k, c)>max Then                   '同列元素依次与最大值进行比较
                Exit For                          '若有大的,则不是凸点
            End If
        Next k
        If k>UBound(a, 1) Then                     '条件满足则是凸点
            s=s & "a(" & i & "," & c & ")" & vbCrLf
        End If
    Next i
    If s<>"" Then
        Text2="方阵的凸点：" & vbCrLf & s
```

```
        Else
            Text2="方阵没有凸点"        's为空则没有凸点
        End If
    End Sub
End Sub
```

程序运行界面如图 4.1 所示。

2. 略。

3. 利用随机函数 Rnd 生成 10 个两位的整数,将其降序排列输出到一个文本框中,要求程序中包含一个名为 Sort 的 Sub 过程,用于将一个数值进行降序排序。

图 4.1　求方阵的凸点

【分析】　在窗体通用声明处声明数组,这样在每个过程中使用的是同一个数组。排序方法很多,可选择一种组织成过程,这里用冒泡排序法。

【程序代码】

```
Dim a(10) As Integer
Private Sub sort(a() As Integer)
    Dim x As Integer, i As Integer, j As Integer
    For i=1 To UBound(a)-1
        flag=False                              '标志变量初值置为 False
        For j=1 To UBound(a)-i
            If a(j)<a(j+1) Then
                flag=True                       '发生过交换
                t=a(j+1): a(j+1)=a(j): a(j)=t
            End If
        Next j
        If Not flag Then Exit For               '若成立,说明某一轮比较未发
                                                '生位置交换,退出循环

    Next i
End Sub
Private Sub Command1_Click()
    Dim i As Integer
    Randomize
    For i=1 To 10
        a(i)=Int(Rnd * 90+10)                   '产生数组
        Text1=Text1 & Str(a(i))
    Next i
End Sub
Private Sub Command2_Click()
    Dim i As Integer
    Call sort(a)                                '调用过程
    For i=1 To 10
        Text2=Text2 & Str(a(i))
    Next i
End Sub
```

—————— Visual Basic 程序设计实验指导

图 4.2 降序排序界面

```
Private Sub Command3_Click()
    End
End Sub
```

程序运行界面如图 4.2 所示。

4. 略。

5. 编写程序,求出 1000 之内的所有完数。所谓完数是指一个数恰好等于它的因子之和,如 6 的因子为 1、2、3,且 6=1+2+3,所以 6 是完数。要求程序中包含一个名为 wanshu 的函数过程,用于判断一个数是否为完数。

【分析】

【程序代码】

```
Private Function wanshu(n As Integer) As Boolean
    Dim i As Integer, sum As Integer
    For i=1 To n-1
        If n Mod i=0 Then           '条件满足则是因子
            sum=sum+i               '累加因子
        End If
    Next i
    If sum=n Then wanshu=True       '条件满足则是完数
End Function
Private Sub Command1_Click()
    Dim i As Integer
    For i=1 To 1000
        If wanshu(i) Then
            Picture1.Print i
        End If
    Next i
End Sub
Private Sub Command2_Click()
    End
End Sub
```

程序运行界面如图 4.3 所示。

6. 略。

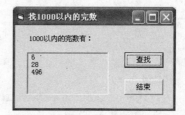

图 4.3 找 1000 以内的完数

第 8 章 程序调试

一、叙述题

1. VB 应用程序可能存在的错误有哪几种?

解答：编译错误、运行时错误和程序逻辑错误。

2．略。

3．运行程序时出现"要求对象"的错误原因是什么？怎样修改？

解答：该类错误是由于对象的 Name 属性值（即对象名）与程序代码中引用的对象名不一致，只要将两者改为相同即可。

二、单选题

1．C

2．略。

三、上机调试题

1．本程序的功能是找出所有两位整数中的"镜反平方数对"。所谓镜反平方数对是指数对 n 与 m，它们满足条件：①n 与 m 不含有数字 0，且 n 不等于 m；②n 的逆序数是 m，n 的平方数的逆序数等于 m 的平方。例如 12 与 21，12 的平方是 144，其逆序数是 441，而 21 的平方正好等于 441；所以 12 与 21 是镜反平方数对。

含有错误的程序代码：

```
Option Explicit
Private Sub Command1_Click()
    Dim n As Integer, fn As Integer, st As String
    For n=11 To 99
        If InStr(CStr(n), "0")<>0 Then              '<>号改为=
            fn=fx(n)
            If validate(n, fn) And n<fn Then
                st=n & "^2=" & n^2 & "," & fn & "^2=" & fn^2
                List1.AddItem st
            End If
        End If
    Next n
    If List1.ListCount=0 Then List1.AddItem "无镜反平方数"
End Sub
Private Function fx(n As Integer) As Integer          '在形参 n 前加 ByVal
    Dim s As String
    Do
        s=s & Str(n Mod 10)                          'Str 应为 CStr
        n=n\10
    Loop Until n=0
    fx=s
End Function
Private Function validate(p As Integer, q As Integer) As Boolean
    If fx(p^2)=q^2 Then
        validate=True
```

```
    End If
End Function
```

【要求】

(1) 新建工程,输入上述代码,改正程序中的错误。

(2) 改错时,可以调换语句位置,但不得增加或删除语句。

2. 略。

3. 本程序的功能是找出所有的四位超级素数,并统计它们的个数。所谓超级素数是指本身为素数,从右为向左依次去掉 1 位数字后的数据仍为素数的数。例如 2393 是素数,239、23、2 也都是素数,所以 2393 是超级素数。(注意:1 不是素数)。

【含有错误的程序代码】

```
Option Explicit
Private Sub Command1_Click()
    Dim n As Integer, s As String, i As Integer, k As Integer
    For n=1000 To 9999
        s=Str(n)                              'Str 应为 CStr
        For i=1 To Len(s)
            If Not prime(Left(s, i)) Then
                Exit For
            End If
        Next i
        If i<Len(s) Then                      '"<"应改为">"
            k=k+1
            List1.AddItem n
        End If
    Next n
    Text1=k
End Sub
Private Function prime(n As Integer) As Boolean
    Dim i As Integer
    If n<>1 Then
        For i=2 To Sqr(n)
            If n Mod i=0 Then
                Exit Function
            End If
        Next i
    End If                                     'End If 与 prime=True 交换
    prime=True
End Function
```

【要求】

(1) 新建工程,输入上述代码,改正程序中的错误。

(2) 改错时,可以调换语句位置,但不得增加或删除语句。

第9章 文件操作

一、叙述题

1. VB 提供的文件操作控件在程序中如何使它们同步？

解答：驱动器列表框与目录列表框同步。可通过如下方式实现：

```
Private Sub Drive1_Change()
    Dir1.Path=Drive1.Drive
End Sub
```

目录列表框与文件列表框同步,可通过如下方式实现：

```
Private Sub Dir1_Change()
    File1.Path=Dir1.Path
End Sub
```

2. 略。

3. 根据文件的访问模式,文件可分为哪几种类型？

解答：按数据的访问模式分类,可将数据文件分为顺序文件、随机文件和二进制文件。

4. 略。

5. 顺序文件与随机文件有什么不同？

解答：顺序文件要求按顺序访问文件中的数据;随机文件可以根据记录号直接访问某一特定记录。

二、单选题

1. B

2. 略。

3. A

4. 略。

5. C FileListBox 与 ListBox 没有 Change 事件。

6. 略。

7. B 改变驱动器列表框的索引会触发 Change 事件。

8. 略。

9. B

10. 略。

11. B 文件不存在时,不能以 Input 方式打开文件。

12. 略。

13. B 文件号是介于 1 与 511 之间。

14. 略。

15. B 在关闭文件或程序结束之前，必须对已锁定的记录解锁。

16. 略。

17. D 二进制文件每次读或写的数据的长度取决于 Get 语句与 Put 语句中的变量的长度。

18. 略。

19. A

20. 略。

21. B

三、编程及上机调试题

1. 在 d:\my 文件夹下建立一个顺序文件 text1.txt，该文件用于存储一批学生的学号，要求在文本框中输入学号，每当输入一个学号后按回车键时，就可以写入一个记录，并清除文本框中的内容；当输入"0000"时结束程序的运行。请完成下列程序。

```
Private sub Form_Load()
    Open "d:\my\text2.txt" For Output  As #1
End Sub
Private Sub Text1_keyPress(KeyAscii As Integer)
    If KeyAscii=_____  Then                    '填入 13
        If _____ Then                          '填入 Text1="0000"
            Close #1
            End
        End If
        Write #1, _____                        '填入 Text1
        Text1.Text=""
    End if
End Sub
```

2. 略。

第 10 章　用户界面设计

一、叙述题

1. 从设计的角度，试说明下拉式菜单和弹出式菜单的区别。

解答：菜单一般有两种基本类型，即下拉式菜单和弹出式菜单（又称快捷菜单）。两种菜单都是使用菜单编辑器设计的。设计时两种菜单的区别是：下拉式菜单中作为菜单项的 Visible 属性应设置为 True，程序运行时显示在窗体的顶部。弹出式菜单中作为菜单名的菜单项的 Visible 属性应设置为 False，程序运行时不显示，右击时弹出。

2. 略。

二、单选题

1. B

2. 略。

3. B

4. 略。

5. B　菜单项的索引号可以从其他数值开始。

6. 略。

7. C

8. 略。

9. B

三、填空题

1. 下拉式菜单、弹出式菜单的设计是在_____窗口中进行。

解答：菜单编辑器

2. 略。

3. 在菜单设计过程中，不可以给_____级菜单设置快捷键。

解答：主菜单(顶)

4. 略。

5. MDI 指_____界面。

解答：多文档

6. 略。

7. 设窗体上有工具栏 ToolBar1，其中有 3 个按钮对象，从左到右依次是"红"、"绿"和"蓝"，其索引值依次为 1、2 和 3，要使单击按钮时可以设置窗体的相应背景颜色。请补充完善下列程序代码。

```
Private Sub ToolBAr1_ButtonClick(ByVal Button As MSComctlLib.Button)
    Select Case _____              '填入 Button.Index
        Case 1
            _____                  '填入 BackColor=vbRed
        Case 2
            _____                  '填入 BackColor=vbGreen
        Case 3
            _____                  '填入 BackColor=vbBlue
    End Select
End Sub
```

四、编程及上机调试

1. 创建一个程序，在窗体界面上包含菜单栏、工具栏及状态栏、两个文本框。菜单属性设置如本书配套教材中的表 10-12 所示。菜单栏与工具栏实现的功能：清除文本框，左文本框内容移动到右文本框，右文本框内容移动到左文本框，退出程序。状态栏的 3 个窗格中分别显示左右两个文本框的长度及系统时间。

【分析】　首先根据菜单属性表设置菜单，然后打开部件窗口，选择 Microsoft Windows Common Controls 6.0 部件，分别添加 ToolBar 控件、StatusBar 控件及 ImageList 控件到窗体，设置其属性。由于工具栏的对象与菜单项完成相同的工作，所以在工具栏事件中分别调用菜单项的事件过程。

【程序代码】

```
Private Sub Form_Activate()
    Text1=""
    Text2=""
    Text1.SetFocus
End Sub
Private Sub mnuClear_Click()
    Form_Activate
End Sub
Private Sub mnuLtoR_Click()
    Text2=Text1
    Text1=""
End Sub
Private Sub mnuQuit_Click()
    End
End Sub
Private Sub mnuRtoL_Click()
    Text1=Text2
    Text2=""
End Sub
Private Sub Text1_Change()
    StatusBar1.Panels(1)="左文本框长度为： " & Len(Text1)
End Sub
Private Sub Text2_Change()
    StatusBar1.Panels(2)="右文本框长度为： " & Len(Text2)
End Sub
Private Sub Toolbar1_ButtonClick(ByVal Button As MSComctlLib.Button)
    Select Case Button.Index
        Case 1
            mnuClear_Click
        Case 2
            mnuQuit_Click
        Case 3
            mnuLtoR_Click
        Case 4
```

```
        mnuRtoL_Click
    End Select
End Sub
```

2. 略。

第 11 章 图 形 操 作

一、叙述题

1. VB 提供了哪两种坐标系统？

解答：VB 中有两种坐标系统，一种称为容器坐标系或标准坐标系，另一种称为自定义坐标系。

2. 略。

3. 如何用 Scale 方法自定义图片框的坐标系统？

解答：使用 Scale 方法可以自定义坐标系，其格式如下：

```
Picture1.Scale [(x1, y1)-(x2, y2)]
```

其中：$(x1, y1)$ 为图片框左上角的坐标值，$(x2, y2)$ 为图片框右下角的坐标值。当 Scale 方法省略坐标时，表示使用容器坐标系。

例如：

```
Picture1.Scale (-1000, 1000)-(1000, -1000)
```

4. 略。

二、填空题

1. 用 Line 方法在 Picture 中画矩形，对角线两端坐标是 (100,100) 和 (250,230)，则其语句是_____。

解答：Picture1. Line (100，100)－(250，230)

2. 略。

3. Circle 方法画圆时，总是采用_____时针方向。

解答：逆。

三、单选题

1. A C
2. 略。
3. B
4. 略。
5. D

6. 略。

7. D

四、编程题

1. 在图片框中绘制函数 $y = \sin(3x)\cos(x)$ 的曲线。

【程序代码】

```
Private Sub Command1_Click()
    Const pi As Single=3.14159
    Picture1.Scale (-2, 2)-(8,-2)                           '定义窗体坐标系
    Picture1.Line (-1.5, 0)-(7.5, 0)                        '画 x 轴
    Picture1.Line (7.5, 0)-(7.3,-0.1): Picture1.Line (7.5, 0)-(7.3, 0.1)
    Picture1.Line (0, 1.9)-(0,-1.4)                         '画 y 轴
    Picture1.Line (0, 1.9)-(0.1, 1.7): Picture1.Line (0, 1.9)-(-0.1, 1.7)
    Picture1.CurrentX=7.3: Picture1.CurrentY=0.5: Picture1.Print "x"
    Picture1.CurrentX=0.2: Picture1.CurrentY=2: Picture1.Print "y"
    For i=-1 To 7                                           '标记 x 轴的坐标刻度
        Picture1.Line (i, 0)-(i, 0.1)
        Picture1.CurrentX=i-0.2: Picture1.CurrentY=-0.1: Picture1.Print i
    Next i
    For x=0 To 2 * pi Step 0.001                            '用画点的方法画曲线
        y=Sin(3 * x) * Cos(x)
        Picture1.PSet (x, y)
    Next x
End Sub
Private Sub Command2_Click()
    End
End Sub
```

程序运行界面如图 4.4 所示。

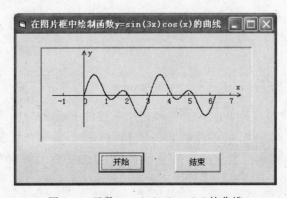

图 4.4　函数 $y = \sin(3x)\cos(x)$ 的曲线

2. 略。

第 12 章　鼠标和键盘操作

一、叙述题

1. 操作鼠标可以触发哪些事件？

解答：鼠标除了 Click 和 DblClick 事件外，常用的事件还有 MouseDown 事件、MouseUp 事件、MouseMove 事件。鼠标用于拖放操作时，还会触发 DragDrop 事件、DragOver 事件。

2. 略。

3. 鼠标拖放有哪两种方式？它们之间有什么区别？

解答：拖放(DragDrop)涉及两个动作，其中按鼠标按钮并移动对象的操作称为拖动(Drag)，到达目的地后放开鼠标按钮的操作称为放下(Drop)。

4. 略。

5. 说明 KeyPress 事件与 KeyDown 同 KeyUp 事件的区别。

解答：当用户按了并且释放一个会产生 ASCII 码的按键时触发 KeyPress 事件。在具有焦点的对象上按了键盘上的键时，KeyDown 事件发生；释放所按的键时，KeyUp 事件发生。KeyDown 事件和 KeyPress 事件的主要区别如下。

(1) 从时间上来说，按键盘上的一个键立即触发 KeyDown 事件，但此时并没有引发 KeyPress 事件，只有在释放该按键时触发 KeyPress 事件。

(2) KeyPress 事件只在按了并且释放一个会产生 ASCII 码的按键时触发。而用户按键盘中的任一键就会在相应对象引发 KeyDown 事件。

二、单选题

1. A
2. 略。
3. C
4. 略。

三、编程及上机调试

1. 窗体上有状态栏控件 StatusBar1 和图片框控件 Picture1，图片框的 BackColor 为白色，DrawWidth 属性为 3。在图片框上拖动鼠标画图时，要求在状态栏的第一个和第二个窗格上分别显示出当前绘制点的 x 和 y 坐标值，如本书配套教材中的图 10.38 所示。请完善程序。

```
Private Sub Picture1_MouseMove(Button As Integer, Shift As Integer, _
X As Single, Y As Single)
    If Button=1 Then
```

```
    Picture1._____                              '填入 PSet (X,Y)
    StatusBar1.Panels.Item(1)=_____             '填入"X=" & X
    StatusBar1.Panels.Item(2)=_____             '填入"Y=" & Y
  End If
End Sub
```

2. 略。

第 13 章　数据库应用

一、叙述题

1. 什么是数据库？有哪几种数据模型？

解答：数据库是以一定方式组织、存储的相互关联的数据的集合。具有数据结构化、数据独立于程序、数据可以为多个应用程序使用，共享性高等一些特点。

数据模型分为层次模型、网状模型、关系模型和面向对象模型。

2. 略。

3. Microsoft Access 数据库是什么类型的数据库？数据库文件的扩展名是什么？

解答：Microsoft Access 是关系模型的数据库系统。数据库文件的扩展名是. mdb。

4. 略。

5. 具有什么属性的控件可以和 ADO 数据控件"绑定"并作为显示数据的控件？

解答：在 VB 中，任何具有 DataSource 与 DataField 属性的控件都可以绑定到 ADO 数据控件。

6. 略。

二、选择题

1. C

2. 略。

3. C

4. 略。

5. C

6. 略。

7. B

三、编程及上机调试

略。

参 考 文 献

[1] 教育部高等学校计算机科学与技术教学指导委员会. 关于进一步加强高等学校计算机基础教学的意见暨计算机基础课程教学基本要求(试行)[M]. 北京：高等教育出版社,2006.

[2] 刘卫国. Visual Basic 程序设计实践教程. 北京：北京邮电大学出版社,2007.

[3] 龚沛曾,杨志强,陆慰民. Visual Basic 实验指导与测试[M]. 三版. 北京：高等教育出版社,2007.

[4] 杨崇礼,刘钢,朱珏,王永生,何学仪. Visual Basic 6.0 程序设计实用教程上机实验指导[M]. 北京：中国民航出版社,2000.

[5] 张玉生. Visual Basic 程序设计实验指导[M]. 北京：中国电力出版社,2008.

[6] 江苏省高校计算机等级考试中心编二级考试试卷汇编. Visual Basic 语言分册[M]. 苏州：苏州大学出版社,2005.

[7] 刘瑞新,汪远征. Visual Basic 程序设计教程上机指导及习题解答[M]. 2 版. 北京：机械工业出版社,2009.

[8] 张玉生. Visual Basic 程序设计与上机实验指导[M]. 上海：华东理工大学出版社,2006.

高等学校计算机基础教育教材精选